U0166334

机械制造与技术应用

马　瑞　张宏力　卢丽俊◎主编

吉林科学技术出版社

图书在版编目（CIP）数据

机械制造与技术应用 / 马瑞，张宏力，卢丽俊著
. -- 长春 ：吉林科学技术出版社，2022.9
ISBN 978-7-5578-9633-1

Ⅰ．①机… Ⅱ．①马… ②张… ③卢… Ⅲ．①机械制
造工艺 Ⅳ．①TH16

中国版本图书馆 CIP 数据核字 (2022) 第 179553 号

机械制造与技术应用

著　　马　瑞　张宏力　卢丽俊
出 版 人　宛　霞
责任编辑　王凌宇
封面设计　金熙腾达
制　 版　金熙腾达
幅面尺寸　185 mm×260mm
开　 本　16
字　 数　311 千字
印　 张　13.75
版　 次　2022 年 9 月第 1 版
印　 次　2023 年 3 月第 1 次印刷
出　 版　吉林科学技术出版社
发　 行　吉林科学技术出版社
地　 址　长春市净月区福祉大路 5788 号
邮　 编　130118
发行部电话/传真　0431-81629529　81629530　81629531
　　　　　　　　　　81629532　81629533　81629534

储运部电话　0431-86059116

编辑部电话　0431-81629518
印　 刷　三河市嵩川印刷有限公司

书　 号　ISBN 978-7-5578-9633-1
定　 价　80.00 元

版权所有 翻印必究 举报电话：0431-81629508

前　言

机械制造业历来是应用科学技术的主要领域，是应用最新科技推动社会、经济发展的主导产业。随着现代科学技术的飞速发展，机械制造不仅在工业中所占比重、积累、就业、贡献均占前列，更在于为新技术、新产品的开发和生产提供重要的物质基础，是现代化经济不可缺少的战略性产业。

本书是关于机械制造与技术应用的书籍，首先，从机械制造概述入手，介绍了机械工程材料、数控机床及数控技术等；其次，剖析了金属切削加工方法、机械加工精度与控制；最后，探讨了轴类零件、套筒类零件的机械制造技术应用，以及机械装配技术应用等。以期为机械制造相关研究提供一定的参考。

本书具有以下特点：

1、综合性。对机械加工工艺知识理论及技能需求进行了有机的处理，体现了多方位知识的相互交叉和融合，突出综合职业能力的培养。

2、实用性。本书面向机械类专业群的岗位和岗位群职业能力的要求，确定课程的结构和内容，所涵盖的知识具有很高的实用性，同时又与职业技能鉴定紧密结合。

3、先进性。书中更多地吸纳了当前新知识、新技术、新工艺的内容，有效地拓展了读者的知识空间，有利于读者综合素质的培养。

4、广泛性。本书涵盖了机械加工所涉及的全部内容，而且具有实用性和实效性，适用于机械加工领域的各种人员参考。

由于编者水平有限，书中难免有不当之处，敬请广大读者批评指正，并将意见反馈给我们，以便修订时改进。

前　言

目录

第一章
机械制造概述

第一节　机械制造业的概述

机械制造业，特别是装备制造业，是一个国家国民经济持续发展的基础。它为国民经济各部门的发展提供了各种必要的技术装备，是工业化、现代化建设的发动机和动力源，也是参与国际竞争取胜的法宝，是技术进步的主要舞台，是提高人均收入的财源，是发展现代文明的物质基础，是一个国家经济实力和科学技术发展水平的重要标志。

一、机械制造业的地位与作用

机械制造业是人类财富在 20 世纪空前膨胀的主要贡献者，没有机械制造业的发展就没有今天人类的现代物质文明。

新中国成立前，我国的机械工业十分落后。新中国成立后，我国制造业有了显著的发展，无论是制造业总量还是制造业技术水平都有很大的提高。新中国成立初期，以万吨水压机等为代表的各种重型装备的研制成功，标志着国民经济有了自己的脊梁；"两弹一星"的问世表明我国综合国力的提高，使我国跻身于世界大国的行列。目前，全国电力、钢铁、石油、交通、矿山等基础工业部门所拥有的机电产品总量中，约有 80% 是我国自己制造的，其中 6000 m 电驱动沙漠钻机已达到国际先进水平，300 MW 和 600 MW 火电机组已成为国家电力工业的主力机组。

我国充分利用国内外的技术资源优势，在引进、消化、吸收的基础上进行自主创新，使机械制造技术得到了突飞猛进的发展。伴随着载人神舟飞船的上天、嫦娥探月工程的实施，我国机械制造技术的发展令世界瞩目。但与美国、德国等世界发达国家相比，我国的机械制造业无论从产品研发、技术装备还是加工能力等方面都还有很大的欠缺，具有独立自主知识产权的品牌产品还不多，像海尔、海信、TCL等企业的品牌虽然已经"国产化"，但有些核心部件还需要进口。面对21世纪世界经济一体化的挑战，我国的机械制造业还存在许多的问题。据统计，我国优质低耗工艺的普及率还不及10%，数控机床等精密设备还不足5%，90%以上的高档数控机床、98%的光纤制造设备、85%的集成电路制造设备、80%的石化设备、70%的轿车工业装备还依赖进口。制造业"大而不强"的现状还比较严重，从"制造强国"发展成为"创造强国"的路还很长。因此，走自主创新之路，大力发展机械制造技术，赶超世界先进水平，建设创新型国家，已成为机械制造工业的头等大事。

二、机械制造工业发展趋势展望

机械制造工业的发展和进步，在很大程度上取决于机械制造技术的水平和发展。在科学技术高度发展的今天，现代工业对机械制造技术提出了更高的要求。特别是计算机科学技术的发展，使得常规机械制造技术与信息技术、数控技术、传感技术、液气光电等技术的有机结合，给机械制造技术的发展带来了新的机遇，也给予机械制造技术许多新的技术和新的概念，使得机械制造技术向智能化、柔性化、网络化、精密化、绿色化和全球化方向发展成为趋势。21世纪机械制造技术发展的总趋势集中表现在以下几个方面：

（一）向高柔性化、高自动化方向发展

随着国际、国内市场的不断发展变化，竞争已趋白热化，机电类产品发展迅速且更新换代越来越快，多品种中小批量生产已成为今后生产的主要类型。目前，以解决中小批量生产自动化问题为主要目标的计算机数控（CNC）、加工中心（MC）、计算机辅助设计／计算机辅助制造（CAD/CAM）、柔性制造系统（FMS）、计算机集成制造系统（CIMS）等高新技术的发展，缩短了产品的生产周期，提高了生产效率，保证了产品质量，产生了良好的经济效益。

（二）向高精度化方向发展

在科学技术发展的今天，对产品的精度要求越来越高，精密加工和超精密加工已成为必然。航空航天、军事等尖端产品的加工精度已达纳米级，所以必须采用高精度、通用可调的数控专用机床，高精度、可调式组合夹具，以及与之相配套的高精度刀具、量具和检测技术。在未来的激烈竞争中，能否掌握精密和超精密的加工技术，是体现一个国家制造水平高低的重要标志。

（三）向高速度、高效率方向发展

高速切削、强力切削可极大地提高加工效率，降低能源消耗，从而降低生产成本，但

要具有与之相配套的加工设备、刀具材料、刀具涂层、刀具结构等才能实现。

（四）向绿色化方向发展

减少机械加工对环境的污染，减少能源的消耗，实现绿色制造是国民经济可持续发展的需要，也是机械制造工业面临的新课题。目前，在一些先进数控机床上已采用了低温空气、负压抽吸等新型冷却技术，通过对废液、废气、废油的再利用等来减少对环境的污染；另外，绿色制造技术在汽车、家电等行业中也已得到了应用，相信未来会有更多的行业在绿色制造领域中大有作为。

第二节　机械产品的生产过程与组织

将原材料或半成品转变为成品的全过程，称为生产过程。它包括原材料的运输和保管，生产的准备工作，毛坯的制造，零件的机械加工，零件的热处理，部件和产品的装配、检验、油漆和包装以及全程的质量跟踪管理等。

一、机械产品生产过程

制造系统覆盖产品的全部生产过程，即市场需求调研、产品设计、产品制造、产品质量管理、产品销售等的全过程。在这个全过程中，由物质流（主要指由毛坯到产品的有形物质的流动）、信息流（主要指生产活动的设计及市场需求调研、规划、调度与控制）及资金流（包括了成本管理、利润规划及费用流动等）等构成了整个制造系统。

（一）产品设计

产品设计是企业产品开发的核心，产品设计必须保证技术上的先进性与经济上的合理性等。

产品设计一般有三种形式，即：创新设计、改进设计和变形设计。创新设计（开发性设计）是按用户的使用要求进行的全新设计；改进设计（适应性设计）是根据用户的使用要求，对企业原有产品进行改进或改型的设计，即只对部分结构或零件进行重新设计；变形设计（参数设计）仅改进产品的部分结构尺寸，以形成系列产品的设计。产品设计的基本内容包括：编制设计任务书、方案设计、技术设计和图样设计等。

1.编制设计任务书

设计任务书是产品设计的指导性文件，其主要内容包括：确定新产品的用途、适用范围、使用条件和使用要求，设计和试制该产品的依据，确定产品的基本性能、结构和主要参数，概括性地做出总体布置、机械传动系统图、电气系统图、产品型号、尺寸标准系列、计算技术经济指标等。

2. 方案设计

方案设计的主要内容是确定产品的基本功能、性能、结构和参数。方案设计是产品设计的造型阶段，一般包括：产品的功能和使用范围、产品的总体方案设计和外观造型设计、产品的原理结构图及产品型号、尺寸、性能参数、标准等，并对设计方案进行技术经济指标的计算以及经济效果分析。

3. 技术设计

技术设计是产品设计的定型阶段，对于机电产品一般包括：试验、计算和分析确定重要零部件的结构、尺寸与配合，绘制出总图、重要零部件图、液压（气动）系统图、冷却系统图和电气系统图，编写设计说明书等。

4. 图样设计

图样设计是指绘制出全套工作图样和编写必要的技术文件，为产品制造和装配提供依据。其主要内容包括：设计并绘制全部零件的工作图，详细注明尺寸、公差配合、材料和技术条件，绘制产品总图、部件图、安装图，编写零件明细表，设计制定产品使用说明书和维护保养规程等。

（二）工艺设计

工艺设计的基本任务是保证生产的产品能符合设计的要求，制定优质、高产、低耗的产品制造工艺规程，制定出产品的试制和正式生产所需要的全部工艺文件。包括：对产品图纸的工艺分析和审核、拟订加工方案、编制工艺规程以及工艺装备的设计和制造等。

1. 产品图纸的工艺分析和审查

主要内容包括：产品的结构是否与产品类型相适应，零部件标准化、通用化程度，图纸设计是否充分利用现有的工艺标准，零件的形状尺寸、配合与精度是否合理，选用的材料是否合适等。

2. 拟订工艺方案

拟订工艺方案包括：确定试制新产品、改造老产品过程中的关键零部件的加工方法，确定工艺路线、工艺装备及装配要求。

3.编制工艺规程卡

工艺规程是指规定零件的加工工艺过程和操作方法等。一般包括下列内容：零件加工的工艺路线、各工序的具体内容及所用的设备和工艺装备、零件的检验项目及检验方法、切削用量、工时定额等。工艺规程的形式和内容与生产类型有关，一般编制机械加工工艺卡片。

4.工艺装备的设计和制造

工艺装备（简称工装）通常是对工具、夹具、量具、相关模具和工位器具等的总称。工装分为通用和专用两类，通用工装可用来加工不同的产品，专用工装只能用于特定产品的加工。通用的、重要复杂的工艺装备一般由工艺工程师设计，简易工装可由生产车间（或分厂）自行设计。

凡制造完成并经检验合格的专用工装设备，在投入产品零件生产前应在现场进行试验，其目的是通过实际操作来检验工艺规程和工艺装备的实用性、正确性，并帮助操作者正确掌握生产技术要求，以达到规定的加工质量和生产率。

（三）零件加工

零件的加工过程是坯料的生产以及对坯料进行各种机械加工、特种加工和热处理等，使其成为合格零件的过程。极少数零件加工采用精密铸造或精密锻造等无屑加工方法。通常毛坯的生产工艺有铸造、锻造、焊接等，常用的机械加工方法有钳工加工、车削加工、钻削加工、刨削加工、铣削加工、镗削加工、磨削加工、数控机床加工、拉削加工、研磨加工、珩磨加工等，常用的热处理方法有退火、正火、淬火、回火、调质、时效等，特种加工有电火花成型加工、电火花线切割加工、电解加工、激光加工、超声波加工等。只有根据零件的材料、结构、形状、尺寸、使用性能等，选用适当的加工方法，才能保证产品的质量，生产出合格零件。

（四）检验

检验是采用测量器具对毛坯、零件、成品、原材料等进行尺寸精度、形状精度、位置精度的检测，以及通过目视检验、无损探伤、机械性能试验及金相检验等方法对产品质量进行的鉴定。

测量器具包括量具和量仪。常用的量具有钢直尺、卷尺、游标卡尺、卡规、塞规、千分尺、角度尺、百分表等，用以检测零件的长度、厚度、角度、外圆直径、孔径等。另外螺纹的测量可采用螺纹千分尺、三针量法、螺纹样板、螺纹环规、螺纹塞规等。

常用量仪有浮标式气动量仪、电子式量仪、电动式量仪、光学量仪、三坐标测量仪等，除可用以检测零件的长度、厚度、外圆直径、孔径等尺寸外，还可对零件的形状误差和位置误差等进行测量。

特殊检验主要是指检测零件内部及外表的缺陷。其中无损探伤是在不损害被检对象的前提下，检测零件内部及外表缺陷的现代检验技术。无损检验方法有直接肉眼检验、射线探伤、超声波探伤、磁力探伤等，使用时应根据无损检测的目的，选择合适的方法和检测规范。

（五）装配

任何机械产品都是由若干个零件、组件和部件组成的。根据规定的技术要求，将零件和部件进行必要的配合及连接，使之成为半成品或成品的工艺过程称为装配。将零件、组件装配成部件的过程称为部件装配，将零件、组件和部件装配成最终产品的过程称为总装配。装配是机械制造过程中的最后一个生产阶段，其中还包括调整、检验、试验、油漆和包装等工作。

机器的质量、工作性能、使用效果、可靠性和使用寿命除与产品的设计和材料选择有关外，还取决于零件的制造质量和机器的装配质量。通过装配，可以发现设计上的不足和零件加工工艺中存在的问题。装配工作对机器质量的影响很大，若装配不当，即使所有零件都合格，也不一定能装配出合格的、高质量的机械产品。反之，若零件制造精度不高，而在装配中采用适当的装配工艺方法进行选配、刮研、调整等，也能使产品达到规定的要求。

（六）入库

企业生产的成品、半成品及各种物料为防止遗失或损坏，放入仓库进行保管，称为入库。

入库时应进行入库检验，填好检验记录及有关原始记录；对量具、仪器及各种工具做好保养、保管工作；对有关技术标准、图纸、档案等资料要妥善保管；保持工作地点及室内外整洁，注意防火、防湿，做好安全工作。

第三节　机械加工工种分类

工种是对劳动对象的分类称谓，也称工作种类，如电工、钳工等。机械加工工种一般分为冷加工、热加工、特种加工和其他工种几大类。生产过程中人们将根据产品的技术要求选择各种加工方法。

一、冷加工工种

（一）钳工

钳工是制造企业中不可缺少的一个用手工方法来完成加工的工种。

钳工工种按专业工作的主要对象不同又可分为普通钳工、装配钳工、模具钳工、修理钳工等。不管是哪一种钳工，要完成好本职工作，首先要掌握好钳工的各项基本操作技术，主要包括：划线、錾削、锯割、锉削、钻孔、扩孔、锪孔、铰孔、攻螺纹和套螺纹、刮削、研磨、测量、装配和修理等。

（二）车工

车削加工是一种应用最广泛、最典型的加工方法。车工是指操作车床（车床按结构及其功用可分为卧式车床、立式车床、数控车床以及特种车床等）对工件旋转表面进行切削加工的工种。

车削加工的主要工艺内容为：车削外圆、内孔、端面、沟槽、圆锥面、螺纹、滚花、成形面等。

（三）铣工

铣工是指操作各种铣床设备（铣床按结构及其功用可分为：普通卧式铣床、普通立式铣床、万能铣床、工具铣床、龙门铣床、数控铣床、特种铣床等），对工件进行铣削加工的工种。

铣削加工的主要工艺内容为：铣削平面、台阶面、沟槽（键槽、T形槽、燕尾槽、螺旋槽）以及成形面等。

（四）刨工

刨工是指操作各种刨床设备（常用的刨削机床有普通牛头刨床、液压刨床、龙门刨床和插床等），对工件进行刨削加工的工种。

刨削加工的主要工艺内容为：刨削平面、垂直面、斜面、沟槽、V形槽、燕尾槽、成形面等。

（五）磨工

磨工是指操作各种磨床设备（常用的磨床有普通平面磨床、外圆磨床、内圆磨床、万能磨床、工具磨床、无心磨床以及数控磨床、特种磨床等），对工件进行磨削加工的工种。

磨削加工的主要工艺内容为：磨削平面、外圆、内孔、圆锥、槽、斜面、花键、螺纹、特种成形面等。

除上述工种外,常见的冷加工工种还有:钣金工、镗工、冲压工、组合机床操作工等。

二、热加工工种

(一)铸造工

铸造是将经过熔化的液态金属浇注到与零件形状、尺寸相适应的铸型中,冷却凝固后获得毛坯或零件的一种工艺方法。

1. 铸造的方法

(1)砂型铸造

砂型铸造是以砂为主要造型材料制备铸型的一种铸造方法。目前 90% 以上的铸件都是用砂型铸造方法生产的。

(2)特种铸造

特种铸造是指除砂型铸造以外的其他铸造方法。常用的方法有金属砂型铸造、熔模铸造、压力铸造、离心铸造、壳型铸造等。

2. 铸造的特点

(1)成形方便,适应性强,利用液态成形,适应各种形状、尺寸、材料的铸件。

(2)生产成本低,较为经济,节省金属,材料来源广泛,设备简单。

(3)铸件组织性能差,铸件晶粒粗大,力学性能差。

(二)锻压工

锻压是借助于外力作用,使金属坯料产生塑性变形,从而获得所要求形状、尺寸和力学性能的毛坯或零件的一种压力加工方法。

1. 锻压加工的分类

(1)自由锻造

利用冲击力或静压力使经过加热的金属在锻压设备的上、下砧铁之间塑性变形、自由流动的加工方法。

(2)模样锻造

把金属坯料放在锻模模膛内施加压力使其变形的一种锻造方法,简称模锻。

(3)板料冲压

将金属板料置于冲模之间,使板料产生分离或变形的加工方法。通常在常温下进行,也称冷冲压。

2.锻压的特点

（1）改善金属组织、提高力学性能，锻压的同时可消除铸造缺陷，均匀成分，形成纤维组织，从而提高锻件的力学性能。

（2）节约金属材料，比如，在热轧钻头、齿轮、齿圈及冷轧丝杠时节省了切削加工设备和材料的消耗。

（3）较高的生产率，比如，在生产六角螺钉时采用模锻成形就比切削加工效率约高50倍。

（4）锻压主要生产承受重载荷零件的毛坯，比如，机器中的主轴、齿轮等，但不能获得形状复杂的毛坯或零件。

（三）焊接工

焊接是通过加热或加压（或两者并用），并且用（或不用）填充材料，使焊件达到原子间结合的连接方法。

1.焊接的种类

根据焊接的过程可分为三类：

（1）熔化焊

将待焊处的母材金属熔化以形成焊缝的焊接方法，主要有电弧焊、气焊、电渣焊、等离子弧焊、电子束焊、激光焊等。

（2）压力焊

通过加压和加热的综合作用，以实现金属接合的焊接方法，主要包括电阻焊、摩擦焊、爆炸焊等。

（3）钎焊

以熔点低于被焊金属熔点的焊料填充接头形成焊缝的焊接方法，主要包括软钎焊和硬钎焊。

2.焊接的特点

（1）焊接与其他连接方法有本质的区别，不仅在宏观上建立了永久性的联系，在微观上也建立了组织之间原子级的内在联系。

（2）焊接比其他连接方法具有更高的强度、密封性好且质量可靠，生产率高，便于实现自动化。

（3）节省金属，工艺简单，可以很方便地采用锻—焊、铸—焊等复合工艺，生产大型复杂的机械结构和零件。

（4）焊接是一个不均匀加热的过程，焊后的焊缝易产生焊接应力，易引起变形。

（四）热处理工

金属材料可通过热处理改变其内部组织，从而改善材料的工艺性能和使用性能，所以热处理在机械制造业中占有很重要的地位。

热处理工是指操作热处理设备，对金属材料进行热处理加工的工种。根据不同的热处理工艺，一般可将热处理分成整体热处理、表面热处理、化学热处理和其他热处理四类。

三、特种加工工种

（一）电火花加工与线切割加工工种

电火花加工是利用工具电极和工件电极间瞬时放电所产生的高温来熔蚀工件表面的材料，也称为放电加工或电蚀加工。工具和工件一般都浸在工作液中（常用煤油、机油等做工作液），自动调节进给装置使工具与工件之间保持一定的放电间隙（$0.01 \sim 0.20\,\mathrm{mm}$），当脉冲电压升高时，使两极间产生火花放电，放电通道的电流密度为 $105 \sim 106\,\mathrm{A/cm^2}$，放电区的瞬时高温达 $10\,000\,℃$ 以上，使工件表面的金属局部熔化，甚至气化蒸发而被蚀除微量的材料，当电压下降后，工作液恢复绝缘。这种放电循环每秒钟重复数千到数万次，使工件表面形成许多小的凹坑，称为电蚀现象。

线切割是线电极电火花切割的简称。线切割的加工原理与一般的电火花加工相同，其区别是所使用的工具不同，它不靠成形的工具电极将形状尺寸复制到工件上，而是用移动着的电极丝（一般小型线切割机采用 $0.08 \sim 0.12\,\mathrm{mm}$ 的钼丝，大型线切割机采用 $0.3\,\mathrm{mm}$ 左右的钼丝）以数控的加工方法按预定的轨迹进行线切割加工，适用于切割加工形状复杂、精密的模具和其他零件，加工精度可控制在 $0.01\,\mathrm{mm}$ 左右，表面粗糙度 $R_a \leqslant 2.5\,\mathrm{\mu m}$。

线切割加工时，阳极金属的蚀除速度大于阴极，因此采用正极性加工，即工件接高频脉冲电源的正极，工具电极（钼丝）接负极，工作液宜选用乳化液或去离子水。

（二）电解加工工种

电解加工是利用金属在电解液中的"阳极溶解"将工件加工成形的。加工时，工件接直流电源（电压为 $5 \sim 25\,\mathrm{V}$，电流密度为 $10 \sim 100\,\mathrm{A/cm^2}$）的阳极，工具接电源的阴极。进给机构控制工具向工件缓慢进给，使两极之间保持较小的间隙（$0.1 \sim 1\,\mathrm{mm}$），从电解液泵出来的电解液以一定的压力（$0.5 \sim 2\,\mathrm{MPa}$）和速度（$5 \sim 50\,\mathrm{m/s}$）从间隙中流过，这时阳极工件的金属被逐渐电解腐蚀，电解产物被高速流过的电解液带走。

（三）超声加工工种

超声加工也称为超声波加工。超声波是指频率在 16 000 ～ 20 000 Hz 的振动波。它区别于普通声波的特点是：频率高、波长短、能量大，传播过程中反射、折射、共振、损耗等现象显著。它可使传播方向上的障碍物受到很大的压力，超声加工就是利用这种能量进行加工的。

超声加工是利用工具端做超声频振动，通过磨料悬浮液加工使工件成形的一种方法，其工作原理如图 1-1 所示。加工时，在工具 1 和工件 2 之间加入液体（水或煤油等）和磨料混合的悬浮液 3，并使工具以很小的力 F 轻轻压在工件上。超声发生器 7 将工频交流电能转变为有一定功率输出的超声频电振荡，通过换能器 6 将超声频电振荡转变为超声机械振动。

其振幅很小，一般只有 0.005 ～ 0.01 mm，再通过上粗下细的变幅杆 4、5，使振幅增大到 0.01 ～ 0.15 mm，固定在变幅杆上的工具即产生超声振动（频率在 16 000 ～ 25 000 Hz 之间），迫使工作液中悬浮的磨粒高速不断地撞击、抛磨加工表面，将材料打击下来。虽然每次打击下来的材料很少，但由于每秒钟打击的次数多达 16 000 次以上，所以仍有一定的加速度。与此同时，工作液受工具端面超声振动作用而产生的高频、交变的液压正负冲击波和"空化"作用，促使工作液钻入被加工材料的微裂缝处，加剧了机械破坏作用。加工中的振荡还强迫磨料液在加工区工件和工具间的间隙中流动，使变钝了的磨粒能及时更新，并随着工具沿加工方向以一定速度移动，实现有控制的加工，逐渐将工具的形状"复制"在工件上，加工出所要求的形状。

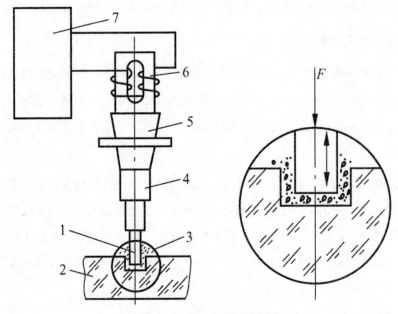

1—工具；2—工件；3—磨料悬浮液；

4、5—变幅杆；6—换能器；7—超声发生器

图 1-1 超声加工原理示意图

（四）激光加工工种

激光加工的基本设备包括电源、激光器、光学系统及机械系统四个部分。电源系统包括电压控制器、储能电容组、时间控制器及触发器等，它为激光器提供所需的能量。激光器是激光加工的主要设备，它把电能转变成光能，产生所需要的激光束。激光加工目前广泛采用的是二氧化碳气体激光器及红宝石、钕玻璃、YAG（钇铝石榴石）等固体激光器。光学系统将光速聚焦并观察和调整焦点位置，包括显微镜瞄准、激光束聚焦及加工位置在投影仪上显示等。机械系统主要包括床身、能在三坐标范围内移动的工作台及机电控制系统等。加工时，激光器产生激光束，通过光学系统把激光束聚焦成一个极小的光斑（直径仅有几微米到几十微米），获得 $108 \sim 1010 \text{W/cm}^2$ 的能量密度以及 10 000 ℃ 以上的高温，从而能在千分之几秒甚至更短的时间内使材料熔化和气化，以蚀除被加工表面，通过工作台与激光束间的相对运动来完成对工件的加工。

除上述工种外，特种加工工种还有电子束加工与离子束加工工种、水速流加工工种等。

四、其他工种

（一）机械设备维修工

从事设备安装维护和修理的工种的主要工作包括：

1. 选择测定机械设备安装的场地、环境和条件；

2. 进行设备搬迁和新设备的安装与调试；

3. 对机械设备的机械、液压、气动故障和机械磨损进行修理；

4. 更换或修复机械零部件，润滑、保养设备；

5. 对修复后的机械设备进行运行调试与调整；

6. 巡回检修到现场，排除机械设备运行过程中的一般故障；

7. 对损伤的机械零件进行钣金和钳加工；

8. 配合技术人员，预检机械设备故障，编制大修理方案，并完成大、中、小型修理；

9. 维护和保养工、夹、量具、仪器仪表，排除使用过程中出现的故障。

（二）维修电工

从事企业设备的电气系统安装、调试与维护、修理的工种从事的主要工作包括：

1. 对电气设备与原材料进行选型；

2. 安装、调试、维护、保养电气设备；

3. 架设并接通送、配电线路与电缆；

4. 对电气设备进行修理或更换有缺陷的零部件；

5. 对机床等设备的电气装置、电工器材进行维护、保养与修理；

6. 对室内用电线路和照明灯具进行安装、调试与修理；

7. 维护和保养电工工具、器具及测试仪器仪表；

8. 填写安装、运行、检修设备技术记录。

（三）电加工设备操作工

在上述介绍的特种加工工种中，操作电加工设备进行零件加工的工种，称为电加工设备操作工。常用的加工方法有电火花加工、电解加工等。

第四节　机械制造企业的安全生产与节能环保常识

机械制造企业的安全主要是指人身安全和设备安全，防止生产中发生意外安全事故，消除各类事故隐患。企业要利用各种方法与技术，使工作者确立"安全第一"的观念，使企业设备的防护及工作者的个人防护得以改善。劳动者必须加强法治观念，认真贯彻上级有关安全生产和劳动保护的政策、法令和规定，严格遵守安全技术操作规程和各项安全生产制度。

一、安全规章制度

在企业中为防止事故的发生，应制定出各种安全规章制度，并落实、强化安全防范措施，对新工人进行厂级、车间级、班组级三级安全教育。

（一）工人安全职责

1. 参加安全活动，学习安全技术知识，严格遵守各项安全生产规章制度。

2. 认真执行交接班制度，接班前必须认真检查本岗位的设备和安全设施是否齐全、完好。

3. 精心操作，严格执行工艺规程，遵守纪律，且记录清晰、真实、整洁。

4. 按时巡回检查，准确分析、判断和处理生产过程中的异常情况。

5. 认真维护保养设备，发现缺陷及时消除，并做好记录，保持作业场所清洁。

6. 正确使用及妥善保管各种劳动防护用品、器具和防护器材、消防器材。

7. 不违章作业，并劝阻或制止他人违章作业，对违章指挥有权拒绝执行，并及时向上级领导报告。

（二）车间管理安全规则

1. 车间应保持整齐、清洁。

2. 车间内的通道、安全门进出应保持畅通。

3. 工具、材料等应分开存放，并按规定安置。

4. 车间内保持通风良好、光线充足。

5. 安全警示标志图醒目到位，各类防护器具设置可靠、方便使用。

6. 进入车间的人员应佩戴安全帽，穿好工作服等防护用品。

（三）设备操作安全规则

1. 严禁为了操作方便而拆下机器的安全装置。

2. 使用机器前应熟读其说明书，并按操作规程正确操作机器。

3. 未经许可或不太熟悉的设备，不得擅自操作使用。

4. 禁止多人同时操作同一台设备，严禁用手摸机器运转着的部分。

5. 定时维护、保养设备。

6. 发现设备故障应做记录并请专人维修。

7. 如发生事故应立即停机，切断电源并及时报告，注意保持现场。

8. 严格执行安全操作规程，严禁违规作业。

二、节能常识

能源是为人类的生产与生活提供各种能量和动力的物质资源，是国民经济的重要物质基础。能源的开发和有效利用程度以及人均消费量是生产技术和生活水平的重要标志。

（一）能源的种类

1. 一次能源和二次能源

自然界中本来就有的各种形式的能源称为一次能源。一次能源可按其来源的不同划分为来自地球以外的、地球内部的、地球与其他天体相互作用的三类。来自地球以外的一次能源主要是太阳能。

凡由一次能源经过转化或加工制造而产生的能源均称为二次能源，如：电力、氢能、石油制品、煤制气、煤液化油、蒸汽和压缩空气等。但水力发电虽是由水的落差转换而来的，但一般均作为一次能源。

2. 再生能源和非再生能源

人们对一次能源又进一步加以分类，凡是可以不断得到补充或能在较短周期内再产生的能源称为再生能源，反之称为非再生能源。风能、水能、海洋能、潮汐能、太阳能和生物质能等是可再生能源，煤、石油和天然气等是非再生能源。

3. 常规能源和新能源

世界大量消耗的石油、天然气、煤和核能等称为常规能源。新能源是相对于常规能源而言的，泛指太阳能、风能、地热能、海洋能、潮汐能和生物质能等。由于新能源还处于研究、发展阶段，故只能因地制宜地开发和利用。但新能源大多数是再生能源，资源丰富，分布广阔，是未来的主要能源之一。

4. 商品能源和非商品能源

凡进入能源市场作为商品销售的，如煤、石油、天然气和电等均为商品能源。国际上的统计数字均限于商品能源。非商品能源主要指薪柴和农作物残余等。

（二）能源形式的转化

各种能源形式可以互相转化，在一次能源中，风、水、洋流和波浪等是以机械能（动能和位能）的形式提供的，可以利用各种风力机械（如风力机）和水力机械（如水轮机）转换为动力或电力。煤、石油和天然气等常规能源一般是通过燃烧将燃料化学能转化为热能。热能可以直接利用，但部分是将热能通过各种类型的热力机械（如内燃机、汽轮机和燃气轮机等）转换为动力，带动各类机械和交通运输工具工作；或是带动发电机送出电力，满足人们生活和工农业生产的需要。发电和交通运输需要的能源占能量总消费量的比例很大。一次能源中转化为电力部分的比例越大，表明电气化程度越高，生产力越先进，生活水平越高。

（三）能源利用状况

能源利用状况是指用能单位在能源转换、输配和利用系统的设备及网络配置上的合理性与实际运行状况，工艺及设备技术性能的先进性及实际运行操作技术水平，能源购销、分配、使用管理的科学性等方面所反映的实际耗能情况及用能水平。

（四）节能

节能的中心思想是采取技术上可行、经济上合理以及环境和社会可接受的措施，来更有效地利用能源资源。为了达到这一目的，需要从能源资源的开发到终端利用，更好地进行科学管理和技术改造，以达到高的能源利用效率和降低单位产品的能源消费。由于常规能源资源有限，而世界能源的总消费量随着工农业生产的发展和人民生活水平的提高越来越大，故世界各国十分重视节能技术的研究（特别是节约常规能源中的煤、石油和天然气，因为这些还是宝贵的化工原料；尤其是石油，它的全球储量相对很少），千方百计地寻求代用能源，开发利用新能源。

三、环境保护常识

环保是环境保护的简称，是指人类为解决现实的或潜在的环境问题，协调人类与环境的关系，保障经济社会的持续发展而采取的各种行动的总称。人类与环境的关系十分复杂，人类的生存和发展都依赖于对环境和资源的开发和利用，然而正是在人类开发利用环境和资源的过程中，产生了一系列的环境问题，种种环境损害行为归根结底是由于人们缺乏对环境的正确认识。

（一）防治由生产和生活引起的环境污染

包括防治工业生产排放的"三废"（废水、废气、废渣）、粉尘、放射性物质以及产生的噪声、振动、恶臭和电磁微波辐射；交通运输活动产生的有害气体、废液、噪声，海上船舶运输排出的污染物；工农业生产和人民生活使用的有毒有害化学品，城镇生活排放的烟尘、污水和垃圾等造成的污染。

（二）防治由建设和开发活动引起的环境破坏

包括防治由大型水利工程、铁路、公路干线、大型港口码头、机场和大型工业项目等工程建设对环境造成的污染和破坏，农垦和围湖造田活动、海上油田、海岸带和沼泽地的开发、森林和矿产资源的开发对环境的破坏和影响；新工业区、新城镇的设置和建设等对环境的破坏、污染和影响。

（三）加强环境保护与教育

为保证企业的健康发展和可持续发展，文明生产与环境管理、保护的主要措施有：

1. 严格劳动纪律和工艺纪律，遵守操作规程和安全规程。

2. 做好厂区和企业生产现场的绿化、美化和净化，严格做好"三废"（废水、废气、废渣）处理工作，消除污染源。

3. 保持厂区和生产现场的清洁、卫生。

4. 合理布置工作场地，物品摆放整齐，便于生产操作。

5. 机器设备、工具仪器、仪表等运转正常，保养良好；工位器具齐备。

6. 坚持安全生产，安全设施齐备，建立健全的管理制度，消除事故隐患。

7. 保持良好的生产秩序。

8. 加强教育，坚持科学发展和可持续发展的生产管理观念。

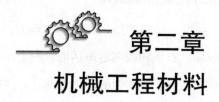

第二章
机械工程材料

第一节　金属材料的主要性能指标

　　人类在同自然界的斗争中，不断改进用以制造工具的材料。最早是用天然的石头和木材制作工具，以后逐步发现和使用金属。中国使用金属材料的历史悠久，在两千多年前的《考工记》中就有"金之六齐"的记载，这是关于青铜合金成分配比规律最早的阐述。人类虽早在公元前已了解金、银、铜、汞、锡、铁、铅等多种金属，但由于采矿和冶炼技术的限制，在相当长的历史时期内，很多器械仍用木材制造或采用铁木混合结构。直到1856年英国人 H. 贝塞麦（H. Bessemer）发明转炉炼钢法、英国人 K. W. 西门子（K. W. Siemens）和法国人马丁（Martin）发明平炉炼钢以后，大规模炼钢工业兴起，钢铁才成为最主要的机械工程材料。到20世纪30年代，铝、镁等轻金属逐步得到应用。50年代后，科学技术的进步促进了新型材料的发展，球墨铸铁、合金铸铁、合金钢、耐热钢、不锈钢、镍合金、钛合金和硬质合金等相继形成系列并扩大应用。同时，随着石油化学工业的发展，促进了合成材料的兴起，工程塑料、合成橡胶和胶黏剂等在机械工程材料中的比重逐步提高。另外，宝石、玻璃和特种陶瓷材料等也逐步扩大在机械工程中的应用。

　　金属材料的性能包含使用性能和工艺性能两个方面。使用性能是指金属材料在使用条件下所表现出来的性能，包括物理性能（如密度、熔点、导热性、导电性、热膨胀性、磁性等）、化学性能（如耐腐蚀性、抗氧化性、化学稳定性等）、力学性能等。工艺性能是指在制造机械零件的过程中，材料适应各种冷、热加工和热处理的性能，包括铸造性能、锻造性能、焊接性能、冲压性能、切削加工性能和热处理工艺性能等。

一、金属材料的力学性能

所谓力学性能是指金属在力或能的作用下所表现出来的性能。力学性能包括强度、塑性、硬度、冲击韧度及疲劳强度等，它反映了金属材料在各种外力作用下抵抗变形或破坏的某些能力，是选用金属材料的重要依据，而且与各种加工工艺也有密切关系。

（一）拉伸试验

拉伸试样的形状一般有圆形和矩形两类。在国家标准中，对试样的形状、尺寸及加工要求均有明确的规定。图 2-1 所示为圆形拉伸试样。

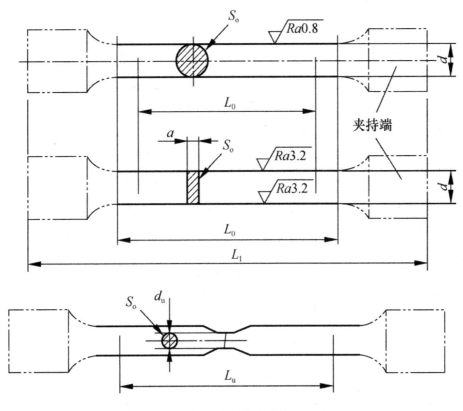

图 2-1　圆形拉伸试样

图 2-1 中，d 是试样的直径，L_0 为标距长度。根据标距长度与直径之间的关系，试样可分为长试样（$L_0 = 10d$）和短试样（$L_0 = 5d$）两种。

拉伸试验过程中随着负荷的均匀增加，试样不断地由弹性伸长过渡到塑性伸长，直至断裂。一般试验机都具有自动记录装置，可以把作用在试样上的力和伸长描绘成拉伸图，也叫作力—伸长曲线。图 2-2 所示为低碳钢的力—伸长曲线，纵坐标表示力 F，单位为 N；横坐标表示伸长量 ΔL，单位为 mm。在图 2-2 中明显地表现出下面几个变形阶段，见表 2-1。

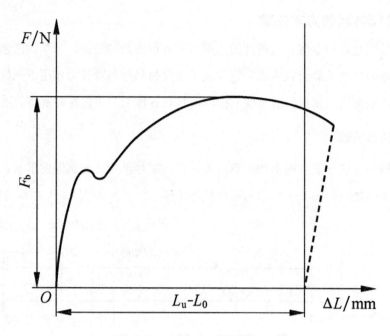

图 2-2 低碳钢的力—伸长曲线

表 2-1 低碳钢的力—伸长曲线中的几个变形阶段

序号	变形名称	主要特征
1	弹性变形阶段	试样的变形完全是弹性的，如果载荷卸载，试样可恢复原状
2	屈服阶段	当载荷增加到 F_s 时，力—伸长曲线图上出现平台或锯齿状，这种在载荷不增加或略有减小的情况下，试样还继续伸长的现象叫作屈服。F_s 称为屈服载荷。屈服后，材料开始出现明显的塑性变形
3	强化阶段	在屈服阶段以后，欲使试样继续伸长，必须不断加载。随着塑性变形增大，试样变形抗力也在不成比例地逐渐增加，这种现象称为形变强化（或称加工硬化），此阶段试样的变形是均匀发生的
4	缩颈阶段	当载荷达到最大值 F_b 后，试样的直径发生局部收缩，称为"缩颈"。试样变形所需的载荷也随之降低，而变形继续增加，这时伸长主要集中于缩颈部位，由于颈部附近试样面积急剧减小，致使载荷下降

　　工程上使用的金属材料，多数没有明显的屈服现象，如退火的轻金属、退火及调质的合金钢等。有些脆性材料，不仅没有屈服现象，而且也不产生"缩颈"，如铸铁等。图 2-3 所示为其他材料的力—伸长曲线。

　　通过拉伸试验可测金属材料的力学性能参数如下：

1. 强度

材料在拉断前所能承受的最大载荷与原始截面积之比称为抗拉强度，用符号 R_m 表示。

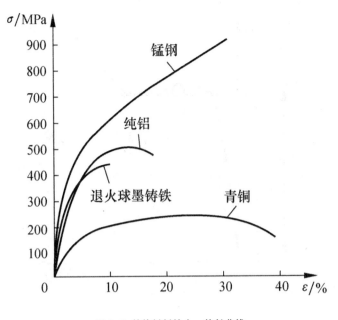

图 2-3 其他材料的力—伸长曲线

当金属材料呈现屈服现象时，在试验期间达到塑性变形发生应力不增加的应力点，应力分上屈服强度（Rc_{II}）和下屈服强度（Rc_{I}）。不同类型曲线的上屈服强度和下屈服强度如图 2-4 所示。

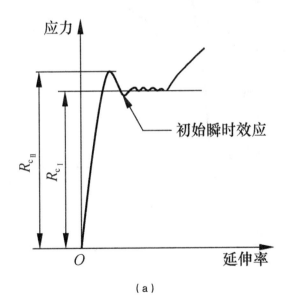

（a）

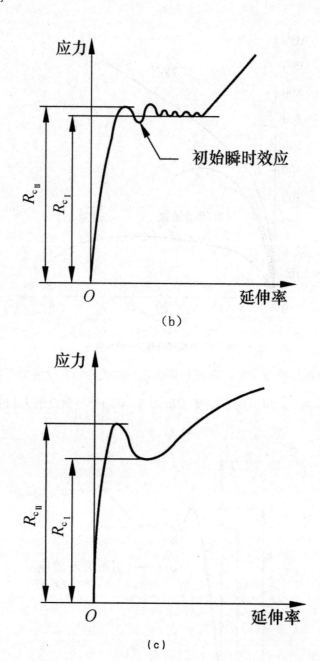

(b)

(c)

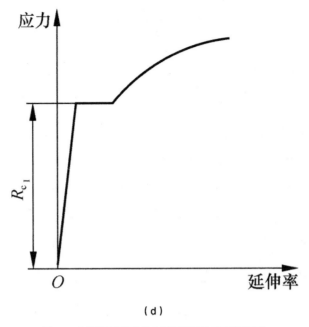

（d）

图2-4 不同类型曲线的上屈服强度和下屈服强度

2. 塑性

断裂前金属材料产生永久变形的能力称为塑性。塑性指标也是由拉伸试验测得的，常用伸长率和断面收缩率来表示。

试样拉断后，标距的伸长与原始标距的百分比称为断后伸长率，用符号 A 表示。其计算公式如下：

$$A = \frac{L_u - L_0}{L_0} \times 100$$

（公式 2-1）

式中 A——断后伸长率，%；

L_u——试样拉断后的标距，mm；

L_0——试样的原始标距，mm。

必须说明，同一材料的试样长短不同，测得的伸长率是不同的。

试样拉断后，缩颈处横截面积的缩减量与原始横截面积的百分比称为断面收缩率，用符号 Z 表示。其计算公式如下：

$$Z = \frac{S_0 - S_u}{S_0} \times 100$$

式中　Z——断面收缩率，%；

S_0——试样原始横截面积，mm^2；

S_u——试样拉断后缩颈处的横截面积，mm^2。

金属材料的伸长率 A 和断面收缩率 Z 数值越大，表示材料的塑性越好。塑性好的金属可以发生大量塑性变形而不被破坏，易于加工成复杂形状的零件。例如，工业纯铁的 A 可达 50%，Z 可达 80%，可以拉制细丝、轧制薄板等。铸铁的 A 几乎为零，所以不能进行塑性变形加工。塑性好的材料，在受力过大时，首先产生塑性变形而不致发生突然断裂，因此比较安全。

（二）硬度试验

材料抵抗局部变形特别是塑性变形、压痕或划痕的能力称为硬度。它不是一个单纯的物理量或力学量，而是代表弹性、塑性、塑性变形强化率、强度和韧性等一系列不同物理量的综合性能指标。

硬度测试的方法很多，最常用的有布氏硬度试验法、洛氏硬度试验法和维氏硬度试验法三种。

1.布氏硬度

（1）布氏硬度的测试原理

使用一定直径的硬质合金球，施加试验力 F 压入试样表面，保持规定时间后卸除试验力，然后测量表面压痕直径、压痕表面积和作用载荷。布氏硬度值用符号 HBW 表示。

（2）布氏硬度的表示方法

HBW 适用于布氏硬度值在 650 以下的材料。符号 HBW 之前的数字为硬度值，符号后面按以下顺序用数字表示试验条件。例如 490HBW5/750 表示用直径 5mm 的硬质合金球，在7355N 的试验力作用下，保持 10 ~ 15 s 时测得的布氏硬度值为 490。试验力的选择应保证压痕直径在 0.24D ~ 0.6D 之间。试验力—球压头直径平方的比率（$0.102F/D^2$ 比值）应根据材料的硬度选择。

当试验尺寸允许时，应优先选用直径 10mm 的球压头进行试验。

（3）应用范围及优缺点

布氏硬度是使用最早、应用最广的硬度试验方法，主要适用于测定灰铸铁、有色金属、各种软钢等硬度不是很高的材料。

测量布氏硬度采用的试验力大，球体直径也大，因而压痕直径也大，因此能较准确地反映出金属材料的平均性能。另外，由于布氏硬度与其他力学性能（如抗拉强度）之间存在着一定的近似关系，因而在工程上得到广泛应用。

测量布氏硬度的缺点是操作时间较长，对不同材料需要不同压头和试验力，压痕测量较费时；在进行高硬度材料试验时，球体本身的变形会使测量结果不准确。因此，用硬质合金球压头时，材料硬度值必须小于650。布氏硬度试验法又因其压痕较大，故不宜用于测量成品及薄件。

2. 洛氏硬度

（1）洛氏硬度测试原理

洛氏硬度试验采用金刚石圆锥体或淬火钢球压头，压入金属表面后，保持规定时间后卸除主试验力，以测量的压痕深度来计算洛氏硬度值。

（2）常用洛氏硬度标尺及其适用范围

为了用一台硬度计测定从软到硬不同金属材料的硬度，可采用不同的压头和总试验力组成几种不同的洛氏硬度标尺，每一种标尺用一个字母在洛氏硬度符号 HR 后面加以注明。常用的洛氏硬度标尺有 A、B、C、D、E、F、G、H、K、N、T 几种，其中 C 标尺应用最为广泛。

洛氏硬度表示方法如下：符号 HR 前面的数字表示硬度值，HR 后面的字母表示不同洛氏硬度的标尺。例如，45HRC 表示用 C 标尺测定的洛氏硬度值为 45。

（3）优缺点

洛氏硬度试验的优点是操作简单迅速，十分方便，能直接从刻度盘上读出硬度值；压痕较小，几乎不伤及工件表面，故可用来测定成品及较薄工件；测试的硬度值范围大，可测从很软到很硬的金属材料。其缺点是：压痕较小，当材料的内部组织不均匀时，硬度数据波动较大，测量值的代表性差，通常需要在不同部位测试数次，取其平均值来代表金属材料的硬度。

3. 维氏硬度

维氏硬度试验原理基本上和布氏硬度试验相同：将正四棱锥体金刚石压头以选定的试验力压入试样表面，经规定保持时间后卸除试验力，用测量压痕对角线的长度来计算硬度，如图 2-5 所示。维氏硬度和压痕表面积除试验力的商成比例，维氏硬度用符号 HV 表示。

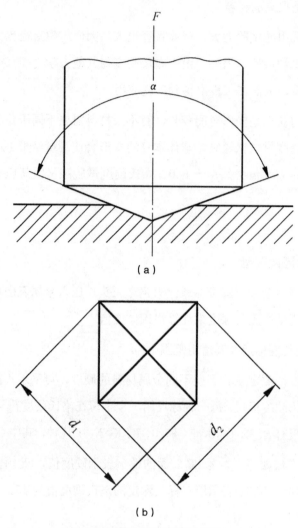

（a）

（b）

图 2-5 维氏硬度试验原理示意图

在实际工作中，维氏硬度值同布氏硬度一样，不用计算，而是根据压痕对角线长度，从表中直接查出。

维氏硬度值表示方法与布氏硬度相同。例如，400HV30 表示用 294.2N 试验力，保持 10 ~ 15 s（可省略不标），测定的维氏硬度值为 400。

（三）冲击韧度试验

金属材料的强度、塑性和硬度等力学性能是在静载荷作用下测得的。而许多机械零件在工作中，往往要受到冲击载荷的作用，如活塞销、锤杆、冲模和锻模等。制造这类零件所用的材料，其性能指标不能单纯用静载荷作用下的指标来衡量，而必须考虑材料抵抗冲击载荷的能力。金属材料抵抗冲击载荷作用而不破坏的能力称为冲击韧性。目前，常用一次摆锤冲击弯曲试验来测定金属材料的冲击韧性。

1. 冲击试样

标准尺寸冲击试样长度为 55mm，横截面为 10×10 mm 方形截面，在试样长度中间有 V 形或 U 形缺口，如图 2-6 所示。

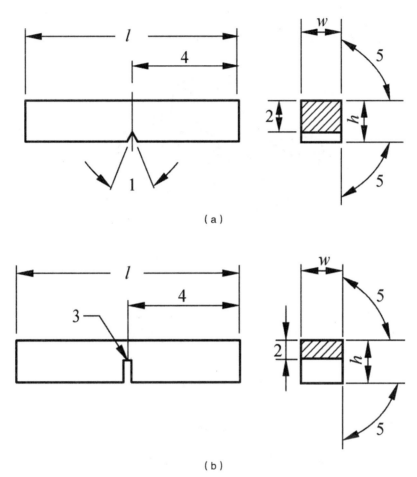

（a）

（b）

（a）V 形缺口；（b）U 形缺口

1—V 形角；2—截面；3—槽后；4—试样长度的 $\frac{1}{2}$；5—弧度

图 2-6 标准尺寸冲击试样

2. 冲击试验的原理及方法

冲击试验利用的是能量守恒原理：试样被冲断过程中吸收的能量等于摆锤冲击试样前后的势能差。

冲击试验：将待测的金属材料加工成标准试样，然后将试样放在冲击试验机的支座上，放置时使试样缺口背向摆锤的冲击方向，如图 2-7（a）所示。再将具有一定重量的摆锤升至一定的高度，如图 2-7（b）所示，使其获得一定的势能，然后使摆锤自由落下，将试样冲断。试样被冲断时所吸收的能量是摆锤冲击试样所做的功，称为冲击吸收功。

冲击韧度是冲击试样缺口处单位横截面积上的冲击吸收功。冲击韧度越大，表示材料的冲击韧性越好。

大量试验证明，金属材料受大能量的冲击载荷作用时，其冲击抗力主要取决于冲击韧度 R_K 的大小，而在小能量多次冲击条件下，其冲击抗力主要取决于材料的强度和塑性。当冲击能量高时，材料的塑性起主导作用；在冲击能量低时，则强度起主导作用。

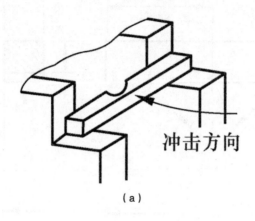

（a）

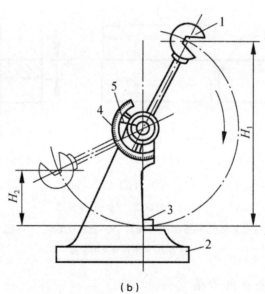

（b）

（a）放置方向；（b）升至一定高度示意
1—摆锤；2—机架；3—试样；4—刻度盘；5—指针

图 2-7 冲击试验示意图

（四）疲劳强度（R-1）

许多机械零件，如轴、齿轮、轴承、叶片、弹簧等，在工作过程中各点的应力随时间做周期性的变化，这种随时间做周期性变化的应力称为交变应力（也称循环应力）。在交变应力作用下，虽然零件所承受的应力低于材料的屈服点，但经过较长时间的工作后产生裂纹或突然发生完全断裂的现象称为金属的疲劳。

疲劳破坏是机械零件失效的主要原因之一。据统计，在机械零件失效中大约有80%以上属于疲劳破坏，而且疲劳破坏前没有明显的变形，所以疲劳破坏经常造成重大事故。

机械零件产生疲劳断裂的原因是材料表面或内部有缺陷（如夹杂、划痕、显微裂纹等），这些部位在交变应力反复作用下产生了微裂纹，致使其局部应力大于屈服点，从而产生局部塑性变形而导致开裂，并随着应力循环次数的增加，裂纹不断扩展使零件实际承受载荷的面积不断减少，直至减少到不能承受外加载荷的作用时而产生突然断裂。

实际上，测定时金属材料不可能做无数次交变载荷试验。所以一般试验时规定，对于黑色金属应力循环取107周次，有色金属、不锈钢等取108周次交变载荷时，材料不断裂的最大应力称为该材料的疲劳极限。

金属的疲劳极限受到很多因素的影响，如内部质量、工作条件、表面状态、材料成分、组织及残余内应力等。避免断面形状急剧变化、改善零件结构形式、降低零件表面结构及采取各种表面强化的方法，都能提高零件的疲劳极限。

二、金属材料的工艺性能

工艺性能是指金属材料在加工过程中是否易于加工成形的能力，包括铸造性能、锻造性能、焊接性能和切削加工性能等。工艺性能直接影响到零件的制造工艺和加工质量，是选材和制定零件工艺路线时必须考虑的因素之一。

（一）铸造性能

金属及合金在铸造工艺中获得优良铸件的能力称为铸造性能。衡量铸造性能的主要指标有流动性、收缩性和偏析倾向等。在各金属材料中，以灰铸铁和青铜的铸造性能较好。

1.流动性

熔融金属的流动能力称为流动性，它主要受金属化学成分和浇注温度等的影响。流动性好的金属容易充满铸型，从而获得外形完整、尺寸精确、轮廓清晰的铸件。

2.收缩性

铸件在凝固和冷却过程中，其体积和尺寸减小的现象称为收缩性。铸件收缩不仅会影响尺寸精度，还会使铸件产生缩孔、疏松、内应力、变形和开裂等缺陷，故用于铸造的金属其收缩率越小越好。

3.偏析倾向

金属凝固后，内部化学成分和组织的不均匀现象称为偏析。偏析严重时能使铸件各部分的力学性能有很大的差异，降低了铸件的质量。这对大型铸件的危害更大。

（二）锻造性能

用锻压成形方法获得优良锻件的难易程度称为锻造性能。锻造性能的好坏主要同金属的塑性和变形抗力有关，也与材料的成分和加工条件有很大关系。塑性越好，变形抗力越小，金属的锻造性能越好。例如，黄铜和铝合金在室温状态下就有良好的锻造性能，碳钢在加热状态下锻造性能较好，铸铁、铸铝、青铜则几乎不能锻压。

（三）焊接性能

焊接性能是指金属材料相对于焊接加工的适应性，也就是在一定的焊接工艺条件下，获得优质焊接接头的难易程度。对碳钢和低合金钢，焊接性主要同金属材料的化学成分有关（其中碳含量的影响最大），如低碳钢具有良好的焊接性，高碳钢、不锈钢、铸铁的焊接性较差。

（四）切削加工性能

金属材料的切削加工性能是指金属材料在切削加工时的难易程度。切削加工性能一般由工件切削后的表面结构及刀具寿命等方面来衡量。影响切削加工性能的因素主要有工件的化学成分、组织状态、硬度、塑性、导热性和形变强化等。一般认为金属材料具有适当硬度（170～230HBS）和足够的脆性时较易切削，从材料的种类而言，铸铁、铜合金、铝合金及一般碳钢都具有较好的切削加工性能。所以铸铁比钢切削加工性能好，一般碳钢比高合金钢切削加工性能好。改变钢的化学成分和进行适当的热处理，是改善钢切削加工性能的重要途径。

第二节　黑色金属材料

黑色金属在机械工业中应用较广。无论是钢还是铸铁，其主要都是由铁和碳两种元素组成，统称为铁碳合金。除了铁和碳以外，还有少量的其他元素，如锰、硅、硫、磷，这些元素与铁共存在钢铁中，对材料的性能产生不同的影响。不含碳的纯铁较软，应用较少。

一、铸铁的分类、牌号、性能及应用

铸铁是含碳量大于 2.11% 的铁碳合金，主要由铁、碳和硅组成。铸铁的价格较低，且

稳定性好、加工容易，尤其是抗压强度较高，抗震性好，所以应用很广，如机床的各类床身、箱体。其在日常生活中也应用很广，如炒菜铁锅、取暖炉、污井盖、暖气片、下水管、水龙头壳体等。

（一）铸铁的分类

铸铁的分类方法是根据铸铁中石墨的形态来区分的，主要有以下四种：

1. 灰铸铁

铸铁中石墨呈片状存在。

2. 可锻铸铁

铸铁中石墨呈团絮状存在。它是由一定成分的白口铸铁经高温长时间退火后获得的。其力学性能（特别是韧性和塑性）较灰口铸铁高，故习惯上称为可锻铸铁。

3. 球墨铸铁

铸铁中石墨呈球状存在。它是在铁液浇注前经球化处理后获得的。这类铸铁不仅力学性能比灰口铸铁和可锻铸铁高，生产工艺比可锻铸铁简单，而且还可以通过热处理进一步提高其机械性能，所以在生产中的应用日益广泛。

4. 蠕墨铸铁

铸铁中石墨呈蠕虫状存在。蠕墨铸铁是指一定成分的铁液在浇注前，经蠕化处理和孕育处理，获得具有蠕虫状石墨的铸铁。蠕化处理是一种向铁液中加入使石墨呈蠕虫状结晶的蠕化剂的工艺。蠕墨铸铁的强度、韧性、耐磨性等都比灰铸铁高；由于石墨是相互连接的，其强度和韧性都不如球墨铸铁，但铸造性能、减震性和导热性都优于球墨铸铁，并接近于灰铸铁。

（二）铸铁的牌号、力学性能及应用

1. 灰铸铁的牌号和应用

灰铸铁的牌号：HT（灰铁）+ 三位数字（最小抗拉强度值 σ_b，用单铸 $\phi 30\,mm$ 试棒的抗拉强度值表示）。如 HT150 表示单铸试样最小抗拉强度值为 150 MPa 的灰铸铁。常用灰铸铁的牌号、力学性能及应用见表 2-2。

表 2-2 常用灰铸铁的牌号、力学性能及应用

牌号	σbmin/MPa	应 用
HT100	100	低载荷和不重要零件，如盖、外罩、手轮、支架等

牌号	σbmin/MPa	应用
HT150	150	承受中等应力的零件，如底座、床身、工作台、阀体、管路附件及一般工作条件要求的零件
牌号	**σbmin/MPa**	**应用**
HT200	200	承受较大应力和较重要的零件，如气缸体、齿轮、机座、床身、活塞、齿轮箱、油缸等
HT250	250	
HT300	350	床身导轨、车床、冲床等受力较大的床身、机座、主轴箱、卡盘、齿轮等，高压油缸、泵体、阀体、衬套、凸轮，大型发动机的曲轴、气缸体、气缸盖等
HT350	300	

注：灰铸铁根据强度分级，一般采用 φ30mm 铸造试棒，经切削加工后进行测定

2. 可锻铸铁的牌号及用途

可锻铸铁牌号：KTH（或 KTZ）+ 三位数字 + 两位数字，其中"KT"是"可铁"，"H"表示"黑心"，"Z"表示珠光体基体，两组数字表示其最小的抗拉强度和伸长率。例如，KTH300-06 表示单铸试样最小抗拉强度为 300MPa、最小伸长率为 6% 的可锻铸铁。常用可锻铸铁的牌号、力学性能及应用见表 2-3。

表 2-3 常用可锻铸铁的牌号、力学性能及应用

牌　号	机械性能（不小于）			试样直径	应　用
	σb/MPa	σs/MPa	δ/%	d/mm	
KTH300-06	300	186	6	12 或 15	管道配件、中低压阀门
KTH330-08	330	—	8		扳手、车轮壳、钢丝绳接头
KTH350-10	350	200	10		汽车前后轮壳、差速器壳、制动器支架、转向节壳、铁道扣板
KTH370-12	370	226	12		
KTZ450-06	450	270	6		承受较高载荷，耐磨且有一定韧性的重要零件，如曲轴、凸轮轴、连杆、齿轮、活塞环、传动链条、扳手
KTZ550-04	550	340	4		
KTZ650-02	650	430	2		
KTZ700-02	700	530	2		

3. 球墨铸铁的牌号及用途

球墨铸铁的牌号：QT（球铁）+ 三位数字（最小抗拉强度 σb）+ 两位数字（最小伸长率 δ），后面两组数字都是用单铸试样时的抗拉强度值和伸长率来表示。例如，QT400-18 表示单铸试样最小抗拉强度值为 400MPa、最小伸长率为 18% 的球墨铸铁。常

用球墨铸铁的牌号、力学性能及应用见表 2-4。

表 2-4 常用球墨铸铁的牌号、力学性能及应用

牌号	σb / MPa	σs / MPa	δ /%	供参考		应 用
	最小值			硬度/HBS	基体组织	
QT400-18	400	250	18	130 ~ 180	铁素体	汽车、拖拉机底盘零件，阀门的阀体和阀盖等
QT400-15	400	250	15	130 ~ 180	铁素体	
QT450-10	450	310	10	160 ~ 210	铁素体	
QT500-7	500	320	7	170 ~ 230	铁素体 + 珠光体	机油泵齿轮等
QT600-3	600	370	3	190 ~ 270	铁素体 + 珠光体	柴油机、汽油机的曲轴，磨床、铣床、车床的主轴，空压机、冷冻机的缸体、缸套
QT700-2	700	420	2	225 ~ 305	珠光体	
QT800-2	800	480	2	245 ~ 335	珠光体或回火组织	
QT900-2	900	600	2	280 ~ 360	贝氏体或回火马氏体	汽车、拖拉机传动齿轮等

4. 蠕墨铸铁的牌号、性能特点及用途

蠕墨铸铁是近年来发展起来的一种新型工程材料。它是由液体铁水经变质处理和孕育处理随之冷却凝固后所获得的一种铸铁。

牌号中"RuT"是"蠕铁"两字汉语拼音的字头，在"RuT"后面的数字表示最低抗拉强度。蠕墨铸铁的牌号、力学性能及应用见表 2-5。

表 2-5 常用蠕墨铸铁的牌号、力学性能及应用

牌号	力学性能（不小于）			硬度/HBS	应 用
	θ b/MPa	θ 0.2/MPa	δ /%		
RuT420	420	335	0.75	200 ~ 280	适用于强度或耐磨性高的零件，如制动盘、活塞、制动鼓、玻璃模具
RuT380	380	300	0.75	193 ~ 274	
RuT340	340	270	1.00	170 ~ 249	
RuT300	300	240	1.50	140 ~ 217	适用于强度高及承受热疲劳的零件，如排气管、气缸盖、液压件、钢锭模
RuT260	260	195	3.00	121 ~ 197	适用于承受冲击载荷及热疲劳的零件，如汽车底盘零件、增压器、废气进气壳体

二、常用碳钢的分类、牌号、性能和应用

碳素钢（简称碳钢）是含碳量小于 2.11% 的铁碳合金。碳钢价格低廉，冶炼方便，工艺性能良好，并且在一般情况下能满足使用性能的要求，因而在机械制造、建筑、交通运输及其他工业部门中得到广泛的应用。

碳钢中，除含有铁和碳两种元素外，还含有少量的锰、硅、硫、磷等常见杂质元素，它们对钢的性能也有一定影响。

锰是炼钢时加入锰铁脱氧而残留在钢中的。锰的脱氧能力较好，能清除钢中的 FeO，降低钢的脆性；锰还能与硫形成 MnS，以减轻硫的有害作用。锰是一种有益元素，但作为杂质存在时，含量一般小于 0.8%，对钢的性能影响不大。

硅是炼钢时加入硅铁脱氧残留在钢中的。硅的脱氧能力比锰强，在室温下硅能溶入铁素体中，提高钢的强度和硬度。因此，硅也是有益元素。硅作为杂质存在时，含量一般小于 0.4%，对钢的性能影响不大。

硫是炼钢时由矿石和燃料带入钢中的。硫在钢中与铁形成化合物 FeS，FeS 与铁则形成低熔点的共晶体分布在奥氏体晶界上。当钢材加热到 $1\,100 \sim 1\,200℃$ 进行锻压加工时，晶界上的共晶体已熔化，造成钢材在锻压中开裂，即"热脆"。钢中加入锰，可以形成高熔点的 MnS，MnS 呈粒状分布在晶粒内，且在高温下有一定塑性，从而避免热脆。硫是有害元素，含量一般应控制在 0.03% $\sim$ 0.05% 以下。

磷是炼钢时由矿石带入钢中的。磷可全部溶于铁素体，产生强烈的固溶强化，使钢的强度、硬度增加，但塑性、韧性显著降低。这种脆化在低温时更为严重，称"冷脆"。磷在结晶时还容易偏析，从而在局部发生冷脆。磷是有害元素，含量应严格控制在 0.035% $\sim$ 0.45% 以下。但在硫、磷含量较多时，由于脆性较大，故切削时易于脆断而形成断裂切屑，可利于改善钢的切削加工性。

（一）碳素钢的分类

1. 按钢中碳的质量分数高低分类

（1）低碳钢：$w_C \leqslant 0.25\%$；

（2）中碳钢：$w_C = 0.25\% \sim 0.60\%$；

（3）高碳钢：$w_C \geqslant 0.60\%$。

2. 按钢中有害元素硫、磷含量的多少划分，即按钢的质量分类

（1）普通碳素钢：$w_S \leqslant 0.050\%$，$w_P \leqslant 0.045\%$；

（2）优质碳素钢：$w_S \leqslant 0.035\%$，$w_P \leqslant 0.035\%$；

（3）高级优质碳素钢：$w_S \leqslant 0.025\%$，$w_P \leqslant 0.025\%$。

3. 按钢的用途分类

（1）碳素结构钢

用于制造各种机械零件和工程构件，碳的质量分数 w_C 小于 0.70%。

（2）碳素工具钢

用于制造各种刀具、模具和量具等，碳的质量分数 w_C 在 0.70% 以上。

4. 按冶炼时脱氧程度的不同分类

（1）沸腾钢（F）

脱氧程度不完全的钢。

（2）镇静钢（Z）

脱氧程度完全的钢。

（3）半镇静钢（b）

脱氧程度介于沸腾钢和镇静钢之间的钢。

（二）碳素钢的牌号、性能及应用

1. 碳素结构钢

碳素结构钢中有害杂质相对较多，但价格便宜，大多用于要求不高的机械零件和一般工程构件，通常轧制成钢板或各种型材供应。

碳素结构钢的牌号表示方法是由屈服点的字母 Q、屈服点数值、质量等级符号、脱氧方法四个部分按顺序组成。其中质量等级分为 A、B、C、D 四种，A 级的硫、磷含量最多，D 级的硫、磷含量最少。脱氧方法符号用"F""Z""b""TZ"表示，分别表示沸腾钢、镇静钢、半镇静钢、特殊镇静钢。如 Q235-AF 表示碳素结构钢中屈服强度为 235MPa 的 A 级沸腾钢。

2. 优质碳素结构钢

优质碳素结构钢中有害杂质较少，其强度、塑性、韧性均比碳素结构钢好，主要用于制造较重要的机械零件。

优质碳素结构钢的牌号用两位数字表示，如 05、10、45 等，数字表示钢中平均碳含量的万分之几。上述表示平均碳的质量分数为 0.05%、0.1%、0.45%。

优质碳素结构钢按其含锰量的不同，分为普通含锰量和较高含锰量两组。含锰量较高的一组在牌号数字后加"Mn"字；若是沸腾钢则在后加"F"，如15Mn、30Mn、45Mn、10F等。优质碳素结构钢的牌号、性能及应用见表2-6。

表2-6 优质碳素结构钢的牌号、性能及应用

钢号（含碳量范围）	性能	应用
08 ~ 25	强度、硬度较低，塑性、韧性及焊接性良好	主要用于制作冲压件、焊接结构件及强度要求不高的机械零件及渗碳件，如压力容器、小轴、法兰盘、螺钉等
30 ~ 55	有较高的强度和硬度，切削性能良好，经调质处理后能获得较好的综合力学性能	这类钢具主要用来制作受力较大的机械零件，如曲轴、连杆、齿轮等
60 以上	具有较高的强度、硬度和弹性，焊接性不好，切削性稍差，冷变形塑性差	主要用来制造具有较高强度、耐磨性和弹性的零件，如板簧和螺旋弹簧等弹性元件及耐磨零件

3. 碳素工具钢

碳素工具钢因含碳量比较高，硫、磷杂质含量较少，经淬火、低温回火后硬度比较高，耐磨性好，但塑性较低。其主要用于制造各种低速切削刀具、量具和模具。

碳素工具钢按质量可分为优质和高级优质两类。为了不与优质碳素结构钢的牌号发生混淆，碳素工具钢的牌号由代号"T"后加数字组成。数字表示钢中平均碳质量分数的千倍，如T8钢，表示平均碳的质量分数为0.8%的优质碳素工具钢。若是高级优质碳素工具钢，则在牌号后加"A"，如T12A，表示平均碳的质量分数为1.2%的高级优质碳素工具钢。碳素工具钢的牌号、性能及应用见表2-7。

表2-7 碳素工具钢的牌号、性能及应用

牌号	wC/%	硬度		应用
		退火后HBS（≤）	淬火后HRC（≥）	
T7、T7A	0.65 ~ 0.74	187	62	制造承受震动与冲击负荷并要求较高韧性的工具，如錾子、简单锻模、锤子等
T8、T8A	0.75 ~ 0.84	187	62	制造承受震动与冲击负荷并要求足够韧性和较高硬度的工具，如简单冲模、剪刀、木工工具等

牌号	wC/%	硬度		应 用
		退火后HBS（≤）	淬火后HRC（≥）	
T10、T10A	0.95～1.04	197	62	制造不受突然震动并要求在刃口上有少许韧性的工具，如丝锥、手锯条、冲模等
T12、T12A	1.15～1.24	207	62	制造不受震动并要求高硬度的工具，如锉刀、刮刀、丝锥等

4.铸钢

生产中有许多形状复杂、力学性能要求高的机械零件难以用锻压或切削加工的方法制造，通常采用铸钢制造。由于铸造技术的进步及精密铸造的发展，铸钢件在组织、性能、精度等方面都已接近锻钢件，可在不经切削加工或只须少量切削加工后使用，能大量节约钢材和成本，因此铸钢得到了广泛应用。

铸钢中碳的含量一般为 0.15%～0.6%。碳含量过高，则钢的塑性差，且铸造时容易产生裂纹。铸造碳钢的最大缺点是：熔化温度高、流动性差、收缩率大，而且在铸态时晶粒粗大。因此铸钢件均须进行热处理。

铸钢的牌号是用"ZG"后加两组数字组成，第一组代表屈服强度值，第二组数字代表抗拉强度值。如 ZG230-450 表示屈服强度为 230MPa、抗拉强度为 450MPa 的铸造碳钢。铸钢的牌号、性能及应用见表 2-8。

表 2-8 铸钢的牌号、力学性能及应用

牌号	σs/MPa	σb/MPa	应 用
ZG200-400	200	400	用于受力不大、要求韧性较好的各种机械零件，如机座、变速箱壳等
ZG230-450	230	450	用于受力不大、要求韧性较好的各种机械零件，如砧座、外壳、轴承盖、底板、阀体、犁柱等
ZG270-500	270	500	用途广泛，常用作轧钢机机架、轴承座、连杆、箱体、曲拐、缸体等
ZG310-570	310	570	用于受力较大的耐磨零件，如大齿轮、齿轮圈、制动轮、辊子、棘轮等
ZG340-640	340	640	用于承受重载荷、要求耐磨的零件，如起重机齿轮、轧辊、棘轮、联轴器等

三、合金钢的分类、牌号、性能及应用

合金钢是为了改善钢的组织和性能，在碳钢的基础上有目的地加入一些元素而制成的，常加入的合金元素有硅、锰、铬、镍、钼、钨、钒、钛、铝、硼、稀土元素等。与碳钢相比，合金钢的淬透性、回火稳定性等性能显著提高，故应用日益广泛。

（一）合金钢的分类

合金钢的分类方法很多，但最常用的是下面两种分类方法：

1. 按合金元素总含量多少分类

（1）低合金钢

合金元素总含量＜5%。

（2）中合金钢

合金元素总含量为5%～10%。

（3）高合金钢

合金元素总含量＞10%。

2. 按用途分类

（1）合金结构钢

用于制造工程结构和机械零件的钢。

（2）合金工具钢

用于制造各种量具、刀具、模具等的钢。

（3）特殊性能钢

具有某些特殊物理、化学性能的钢，如：不锈钢、耐热钢、耐磨钢等。

（二）合金钢的牌号、性能及应用

合金钢牌号是按其碳含量、合金元素的种类及含量、质量级别来编制的。

1. 合金结构钢

合金结构钢指用于制造重要工程结构和机械零件的钢。合金结构钢的牌号用"两位数字＋元素符号＋数字"表示。前面两位数字代表钢中平均碳的质量分数的万倍，元素符号代表钢中含的合金元素，最后的数字表示该元素平均质量分数的百倍。如为高级优质钢，则在钢号后加符号"A"。

（1）低合金结构钢

低合金结构钢是在碳素结构钢的基础上，加入少量的合金元素（含量小于3%）。其主要加入的合金元素为Mn，强化了铁素体，提高了强度；VTi等元素使晶粒细化，使韧性提高。低合金结构钢主要用于建筑、桥梁、车辆、船舶等，以16Mn应用最广。

（2）合金渗碳钢

含碳量为0.1%～0.2%，以保障芯部具有足够的韧性，合金含量小于3%。主加元素为Cr、Mn、Ti、V，提高了淬透性，使晶粒细化，耐磨性提高。

主要用于表面要求硬而耐磨，芯部具有足够强度和韧性的零件，如汽车变速箱的齿轮等。

（3）合金调质钢

含碳量为0.25%～0.5%，主加元素为Cr、Mn、Si、Ni等，以提高淬透性和强化铁素体。调质钢具有良好的综合力学性能。合金调质钢广泛用于制造汽车、拖拉机、机床和其他机器上的各种重要零件，如齿轮、轴类件、连杆等。

（4）合金弹簧钢

它具有高的弹性、疲劳强度及冲动韧度，含碳量为0.5%～0.7%，主加元素为Cr、Mn、Si等，以提高淬透性和弹性极限。合金弹簧钢是一种专用结构钢，主要用于制造各种弹簧和弹性元件。

（5）滚动轴承钢

其碳质量分数一般为0.95%～1.10%，以保证其高硬度、高耐磨性和高强度。铬为基本合金元素，铬含量为0.40%～1.65%。高碳低铬，主要用来制造滚动轴承的滚动体（滚珠、滚柱、滚针）、内外套圈等，属专用结构钢，如GCr15。

2. 合金工具钢

合金工具钢与合金结构钢在牌号表示上的区别在于碳含量的表示方法不同。当 $\omega C < 1\%$ 时，牌号前面用一位数字表示平均碳的质量分数的千倍；当 $\omega C \geq 1\%$ 时不标碳含量。高速钢不论碳含量多少，都不标出，但当合金的其他成分相同，仅碳含量不同时，则在碳含量高的牌号前加"C"。

碳素工具钢易加工，价格便宜，但其热硬性差，淬透性低，且容易变形和开裂。合金工具钢具有更高的硬度、耐磨性和红硬性，所以尺寸大、精度高、形状复杂及工作温度较高的工具都采用合金工具钢制造。

合金工具钢按用途分为刃具钢、量具钢和模具钢三大类。

（1）合金刃具钢

合金刃具钢主要用于制造各种金属切削刀具，如车刀、铣刀、钻头等。对合金刃具钢的性能要求：高的硬度和耐磨性，高的热硬性，足够的强度、塑性和韧性。合金刃具钢又分为低合金刃具钢和高速钢。低合金刃具钢是在碳素工具钢的基础上加入少量的合金元素的钢制成的，其最高工作温度不超过300℃。

9SiCr是最常用的低合金刃具钢，被广泛用于制造各种薄刃刀具，如板牙、丝锥、绞刀等。

高速钢是一种具有高硬度、高耐磨性和高耐热性的工具钢，又名风钢或锋钢，意思是淬火时即使在空气中冷却也能硬化并且很锋利。它是一种成分复杂的合金钢，含有钨、钼、铬、钒、钴等，合金元素总量达10%～25%。它在高速切削产生高热情况下（约500℃）仍能保持高的硬度，HRC在60以上，这就是高速钢最主要的特性——红硬性。

高速钢的热处理工艺较为复杂，必须经过退火、淬火、三次回火等一系列过程。常用的高速钢有W18Cr4V、W6Mo5Cr4V2、W9Mo3Cr4V三种。

（2）合金量具钢

量具用钢用于制造各种测量工具，如卡尺、千分尺、块规。其性能要求主要有两个方面：一是高硬度（大于56HRC）和高耐磨性；二是高尺寸稳定性，即在存放和使用过程中，尺寸不发生变化。

（3）特殊性能钢

特殊性能钢具有特殊物理或化学性能，用来制造除要求具有一定的机械性能外，还要求具有特殊性能的零件。其种类很多，机械制造中主要使用不锈耐酸钢、耐热钢、耐磨钢。不锈耐酸钢包括不锈钢与耐酸钢。能抵抗大气腐蚀的钢称为不锈钢，而在一些化学介质（如酸类等）中能抵抗腐蚀的钢称为耐酸钢。

不锈钢的钢号前的数字表示平均含碳量的千分之几，合金元素仍以百分数表示。当含碳量≤0.03%及≤0.08%时，在钢号前分别冠以"00"或"0"，例如不锈钢3Cr13的平均含碳量为0.3%、含铬量约为13%，0Cr13钢的平均含碳量≤0.08%、含铬量约为13%，00Cr18Ni10钢的平均含碳量≤0.03%、含铬量约为18%、含镍量约为10%。

热强钢在高温下的强度有两个特点：一是温度升高，金属原子间结合力减弱、强度下降；二是在再结晶温度以上，即使金属受的应力不超过该温度下的弹性极限，它也会缓慢地发生塑性变形，且变形量随时间的增长而增大，最后导致金属破坏。这种现象称为蠕变，产生的原因是在高温下金属原子扩散能力增大，使那些在低温下起强化作用的因素逐渐减弱或消失。热强钢采用的合金元素，如铬、镍、钼、钨、硅等，除具有提高高温强度的作用外，还可提高高温抗氧化性。

耐磨钢是指在强烈冲击载荷作用下才能发生硬化的高锰钢。它只有在强烈冲击与摩擦的作用下，才具有耐磨性，在一般机器工作条件下并不耐磨。它主要用于制造坦克、拖拉机的履带，挖掘机铲斗的斗齿以及防弹钢板、保险箱钢板、铁轨分道岔等。由于高锰钢极易加工硬化，使切削加工困难，故大多数高锰钢零件是采用铸造成型的。

第三节　有色金属材料

除黑色金属以外的其他金属统称为有色金属，由于其特殊性质，在工业上得到广泛的应用。常用的有色金属有铜、铝及其合金。钛及其合金的重量较轻，又有其特殊的性能，在工业上的应用越来越广，但是价格较高。

一、铜及铜合金

（一）工业纯铜

纯铜外观呈紫红色，所以又称为紫铜。其密度为 $8.93 \times 10^3 kg/M^3$，熔点为 $1083℃$，具有良好的塑性、导电性、导热性和耐蚀性。但它强度较低，不宜制作结构零件，而广泛用于制造电线、电缆、铜管以及配制铜合金。

我国工业纯铜的代号有 T1、T2、T3 三种，顺序号越大，纯度越低。T1、T2 用于制造导电器材或配制高级铜合金，T3 用来配制普通铜合金。

（二）常用铜合金

铜合金按其化学成分分为黄铜、青铜和白铜。

黄铜是铜和锌为主的合金，如：H80，色泽美观，做装饰品，有较好的力学性能和冷、热加工性；H70，强度高，塑性好，冷成形性能好，可用深冲压方法制作弹壳、散热器、垫片等；H62，强度较高，热状态下塑性好，切削性好，易焊接，耐腐蚀，价格便宜，应用较多，多用作散热器、油管、垫片、螺钉等。

特殊黄铜是在铜锌合金中加入硅、锡、铝、铅、锰等元素，如铅黄铜 HPb59-1 有良好的切削加工性，用来制作各种结构零件；铝黄铜 HA159-3-2 耐蚀性好，用于制作耐腐蚀零件。

青铜是锡铜合金或含铝、硅、铅、铍、锰的铜基合金。如锡青铜，具有良好的强度、硬度、耐磨性、耐蚀性和铸造性；锡青铜的铸造收缩率小，适用于铸造形状复杂、壁厚的零件，但流动性差，易形成分散的微缩小孔，不适于制造要求致密度高和密封性好的铸件；抗腐蚀性高，抗磨性好。铝青铜，价格低廉、性能优良，强度、硬度比黄铜和锡青铜高，而且耐蚀性、耐磨性也高。铝青铜作为锡青铜的代用品，常用于铸造承受重载的耐磨、耐蚀零件。铍青铜经淬火时效强化后强度、硬度高，弹性极限、疲劳强度、耐磨性、耐蚀性、导电性、导热性好，有耐寒、无磁性及冲击不产生火花等特性，用于制造精密仪器或仪表中的贵重弹簧及零件和耐磨件，但价格昂贵，工艺复杂且有毒。钛青铜的物理化学性能和力学性能与铍青铜相似，但生产工艺简单、无毒、价格便宜。

白铜是以镍为主要添加元素的铜合金。锰白铜：锰铜 BMn3-13、康铜 BMn40-1.5、考铜 BMn43-0.5，其具有极高的电阻率、非常小的电阻温度系数。

二、铝及铝合金

（一）工业纯铝

纯铝具有银白色的金属光泽，其密度为 $2.72 \times 10^3 kg/M^3$，熔点为 660℃，具有良好的导电、导热性（仅次于银、铜）。铝在空气中易氧化，在表面形成一层致密的三氧化二铝氧化膜，它能阻止铝进一步氧化，从而使铝在空气中具有良好的抗蚀能力。铝的塑性高，强度、硬度低，易于加工成形。通过加工硬化，可使其强度提高，但塑性降低。纯铝主要用来配制铝合金，还可以用来制造导线包覆材料及耐蚀器具等。

（二）铝合金

向纯铝中加入适量的合金元素，可改变其组织结构，提高性能，即形成铝合金。由于这些合金元素的强化作用，使得铝合金既具有高强度又能保持纯铝的优良特性。因此，铝合金可用于制造承受较大载荷的机械零件和构件，成为工业中广泛应用的有色金属材料。

铝合金根据化学成分和工艺特点的不同一般分为变形铝合金和铸造铝合金两大类。变形铝合金的塑性好，适于压力加工；铸造铝合金则适于铸造。

1.变形铝合金

常用变形铝合金根据性能的不同，可分为：防锈铝合金、硬铝合金、超硬铝合金、锻铝合金四种。

2.铸造铝合金

通过铸造成型的铝制零件，如摩托车的内燃机外壳缸体、汽车活塞体等，应用于形状结构较为复杂的零件中，硬度和强度比变形铝合金好。铝合金中通过加入不同的元素来改变其强度等力学性能，常用的合金元素有铜、镁、锌、硅等。

三、钛及钛合金

Ti 在地壳中的含量为 0.56%（质量分数，下同），在所有元素中居第 9 位，而在可作为结构材料的金属中居第 4 位，仅次于 Al、Fe、Mg，其储量比常见金属 Cu、Pb、Zn 储量的总和还多。我国钛资源丰富，储量为世界第一。钛合金的密度小，比强度、比刚度高，抗腐蚀性能、高温力学性能、抗疲劳和蠕变性能都很好，具有优良的综合性能，是一种新型的、很有发展潜力和应用前景的结构材料。近年来，钛工业和钛材料加工技术得到了飞速发展，海绵钛、变形钛合金和钛合金加工材料的生产和消费都达到了很高的水平，在航空航天领域、舰艇及兵器等军品制造中的应用日益广泛，在汽车、化学和能源等行业也有着巨大的应用潜力。

第四节　钢的热处理常识

热处理就是将固态金属或合金采用适当的方式进行加热、保温和冷却以获得所需组织结构的工艺。普通热处理都要经过如图 2-8 所示的三个阶段，其主要区别在于加热温度、保温时间和冷却速度。

热处理工艺的特点是不改变金属零件的外形尺寸，只改变材料内部的组织与零件的性能。所以钢的热处理目的是消除材料组织结构上的某些缺陷，更重要的是改善和提高钢的性能，充分发挥钢的性能潜力，这对提高产品质量和延长使用寿命有重要的意义。常用的热处理工艺与作用汇总见表 2-9。

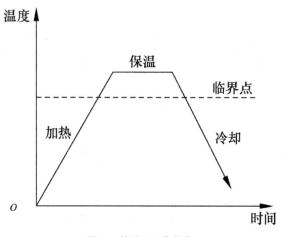

图 2-8 热处理工艺曲线

表 2-9 常用的热处理工艺与作用汇总

热处理种类		热处理方法	作 用
	退火	将钢加热到 500 ~ 600℃，保温后随炉冷却	消除铸件、锻件、焊接件、机加工工件中的残余应力，改善加工性能
	正火	将钢加热到 500 ~ 600℃，在炉外空气中冷却	改善铸件、锻件、焊接件的组织，降低工件硬度，消除内应力，为后续加工做准备
	淬火	将工件加热到一定温度，保温后在冷却液（水、油）中快速冷却	提高钢件的硬度和耐磨性，是改善零件使用性能的最主要的热处理方法
回火	高温回火（调质）	淬火后，加热到 500 ~ 650℃，经保温后再冷却到室温	获得良好的力学性能，用于重要零件，如轴、齿轮等
	中温回火	淬火后，加热到 350 ~ 500℃，经保温后再冷却到室温	获得较高的弹性和强度，用于各种弹簧的制造
	低温回火	淬火后，加热到 150 ~ 250℃，经保温后再冷却到室温	降低内应力和脆性，用于各种工、模具及渗碳或表面淬火工件
表面热处理	表面淬火 — 火焰加热淬火	用"乙炔—氧"或"煤气—氧"混合气体燃烧的火焰，直接喷射在工件表面快速增温，再喷水冷却的淬火方法	获得一定的表面硬度，淬硬层深度一般为 2 ~ 6mm。适用于单件和小批量及大型零件的表面热处理，如大齿轮、钢轨等
	表面淬火 — 感应加热淬火	中碳合金钢材料的零件，利用感应电流，将零件表面迅速加热后，立即喷水冷却的热处理方法	加热速度快，加热温度和淬硬层可控，能防止表层氧化和脱落，工件变形小。但设备较贵，维修调整困难，不适合用于形状复杂的零件，适用于大批量生产
	化学热处理 — 渗碳	将低碳钢、低碳合金钢（0.1% ~ 0.25%）放入含碳的介质中，加热并保温。渗碳后的工件还需要进行淬火和低温回火处理	经渗碳的工件提高了表面硬度和耐磨性，同时保持芯部良好的塑性和韧性。主要用于承受较大冲击载荷和易磨损的零件，如轴、齿轮等
	化学热处理 — 渗氮	将氮原子渗入钢件表层的热处理方法	提高零件表面的硬度、耐磨性。用于精密机床的主轴、高速传动的齿轮等
	化学热处理 — 碳氮共渗	钢的表面同时渗入碳和氮，常用的是气体碳氮共渗	与渗碳相比，其加热温度低，零件变形小，生产周期短，而且渗层有较高的硬度、耐磨性和疲劳强度

一、钢的普通热处理

（一）退火

将钢加热到适当的温度，保温一定的时间，然后缓慢冷却（一般随炉冷却）至室温，这样的热处理工艺称为退火，退火的目的如下：

1. 降低钢的硬度，提高塑性，以利于切削加工；

2. 细化晶粒，均匀钢的组织，改善钢的性能，为以后的热处理做组织准备；

3. 消除钢中的残余应力，以防止工件变形与开裂。

根据钢的成分及退火的目的不同，常用的退火方法有完全退火、球化退火、去应力退火、再结晶退火。常用退火方法、目的及应用见表 2-10。

表 2-10 常用退火方法、目的及应用

类 别	主要目的	应 用
完全退火	细化组织，降低硬度，改善切削加工性能，去除内应力	中碳钢、中碳合金钢的铸、轧、煅焊件等
球化退火	降低硬度，改善切削加工性，改善组织，为淬火做准备	碳素工具钢、合金钢等，在锻压加工后，必须进行球化退火
去应力退火	消除内应力，防止变形开裂	铸、锻、轧、焊接件与机械加工工件等
再结晶退火	工件经过一定量的冷塑变形（如冷冲和冷轧等）后，产生加工硬化现象及残余的内应力，经过再结晶退火后，消除加工硬化现象和残余应力，提高塑性	冷形变钢材（如冷拉、冷轧、冷冲等）和零件

（二）正火

将钢加热到一定温度，保温一段时间，然后在空气中冷却下来的热处理工艺称为正火。正火的目的与退火基本相同，其目的是：细化晶粒，调整硬度；消除碳化物网，为后续加工及球化退火、淬火等做好组织准备。

正火的冷却速度比退火要快，过冷度较大。因此，正火后的组织比退火组织要细小些，钢件的强度、硬度比退火高一些。同时正火与退火相比具有操作简便、生产周期短、生产效率较高、成本低等特点。其在生产中的主要应用范围如下：

1. 改善切削加工性。因低碳钢和某些低碳合金钢的退火组织中铁素体量较多，硬度偏低，在切削加工时易产生"黏刀"现象，增加表面结构值。采用正火能适当提高硬度，改善切削加工性。

2. 消除网状碳化物，为球化退火做好组织准备。对于过共析钢或合金工具钢，因正火冷却速度较快，可抑制渗碳体呈网状析出，并可细化层片状珠光体，有利于球化退火。

3. 用于普通结构零件或某些大型非合金钢工件的最终热处理，以代替调质处理。

4. 用于淬火返修零件，消除内应力，细化组织，以防重新淬火时产生变形和开裂。

（三）淬火

淬火是将钢加热到一定温度，经保温后在水中（或油中）快速冷却的热处理工艺，也是决定零件使用性能最重要的热处理工艺。

淬火操作难度比较大，主要因为淬火时要求得到马氏体，冷却速度必须大于钢的临界冷却速度，而快冷总是不可避免地要造成很大的内应力，往往会引起钢件的变形与开裂。怎样才能既得到马氏体又最大限度地减小变形与避免开裂呢？主要可以从两方面着手：其一是寻找一种比较理想的淬火介质，其二是改进淬火冷却方法。常用的淬火冷却介质有水、矿物油、盐水溶液等。

由于淬火介质性能不能完全符合理想，故须配以适当的冷却方法进行淬火，才能保证零件的热处理质量。常用的淬火冷却方法如图 2-9 所示。

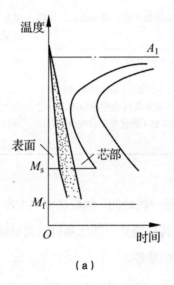

（a）

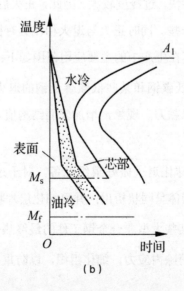

（b）

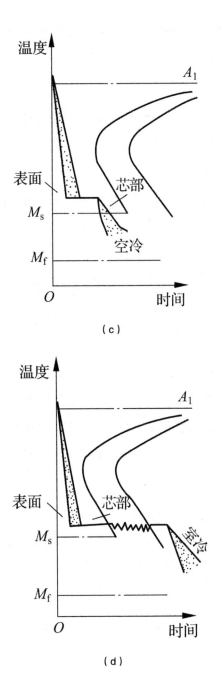

（a）单液淬火；（b）双液淬火；（c）分级淬火；（d）等温淬火

图 2-9 淬火方法示意图

1. 单液淬火

单液淬火如图 2-9（a）所示，就是将加热后的钢件，在一种冷却介质中进行淬火操作的方法。通常碳钢用水冷却，合金钢用油冷却。单液淬火应用最普遍，碳钢及合金钢机器零件在绝大多数的情况下均用此法，其操作简单，易于实现机械化和自动化。但水和油对钢的冷却特性都不够理想，某些钢件（如外形复杂的中、高碳钢工件）水淬易变形、开裂，油淬易造成硬度不足。

2. 双液淬火

将工件加热到淬火温度后，先在冷却能力较强的介质中冷却至 $400 \sim 300℃$，再把工件迅速转移到冷却能力较弱的冷却介质中继续冷却至室温的淬火方法，称为双液淬火。如图 2-9（b）所示。

双液淬火可减少淬火内应力，但操作比较困难，主要用于高碳工具钢制造的易开裂工件，如丝锥、板牙等。

3. 分级淬火

分级淬火如图 2-9（c）所示。就是把加热成奥氏体的工件，放入温度为 $200℃$ 左右（M_s 附近）的热介质（熔化的盐类物质或热油）中冷却，并在该介质中做短时间停留，然后取出空冷至室温。

零件在 M_s 点附近停留保温，使工件内外的温度差及壁厚处和壁薄处的温度差减到最小，以减小淬火应力，防止工件变形和开裂。而马氏体转变又是在空冷条件下进行的，因此分级淬火是避免和减小零件开裂和变形的有效措施。但对于碳钢零件，分级淬火后会出现珠光体组织。所以分级淬火主要适用于合金钢零件或尺寸较小、形状复杂的碳钢工件。

4. 等温淬火

把奥氏体化的钢，放入稍高于 M_s 温度的盐浴中，保温足够时间，使奥氏体转变为下贝氏体的工艺操作叫等温淬火如图 2-9（d）所示。。它和一般淬火的目的不同，是为了获得下贝氏体组织，故又称贝氏体淬火。

等温淬火产生的内应力很小，所得到的下贝氏体组织具有较高的硬度和韧性，故常用于处理形状复杂，要求强度、韧性较好的工件，如各种模具、成形刀具等。

（四）回火

钢件淬火后，在硬度、强度提高的同时，其韧性却大为降低，并且还存在很大的内应力（残余应力），使用中很容易破断损坏。为了提高钢的韧性，消除或减小钢的残余内应力必须进行回火。

在生产中由于对钢件性能的要求不同，回火可分为下列三类：

1. 低温回火

淬火钢件在 $250℃$ 以下的回火称为低温回火。低温回火主要是消除内应力，降低钢的脆性，一般很少降低钢的硬度，即低温回火后可保持钢件的高硬度，如钳工实习时用的锯条、锉刀等一些要求使用条件下有高硬度的钢件，都是淬火后经低温回火处理。

2. 中温回火

淬火钢件在 250～500℃ 之间的回火称为中温回火。淬火钢件经中温回火后可获得良好的弹性，因此弹簧、压簧、汽车中的板弹簧等，常采用淬火后的中温回火处理。

3. 高温回火

淬火钢件在高于 500℃ 的回火称为高温回火。淬火钢件经高温淬火后，具有良好综合力学性能（既有一定的强度、硬度，又有一定的塑性、韧性）。所以一般中碳钢和中碳合金钢常采用淬火后的高温回火处理，轴类零件应用最多。淬火＋高温回火称为调质处理。

二、钢的表面热处理

（一）表面淬火

所谓表面淬火，顾名思义就是仅把零件需耐磨的表层淬硬，而中心仍保持未淬火的高韧性状态。表面淬火必须用高速加热法使零件表面层很快达到淬火温度，而不等其热量传至内部，立即冷却使表面层淬硬。

表面淬火用的钢材必须是中碳（0.35%）以上的钢，常用40、45钢或中碳合金钢40Cr等。

1. 火焰加热表面淬火

用高温的氧—乙炔火焰或氧与其他可燃气（煤气、天然气等）的火焰，将零件表面迅速加热到淬火温度，然后立即喷水冷却。

2. 感应加热表面淬火

这是利用感应电流，使钢表面迅速加热后淬火的一种方法。此法具有效率高、工艺易于操作和控制等优点，所以目前在机床、机车、拖拉机以及矿山机器等机械制造工业中得到了广泛的应用。常用的有高频和中频感应加热两种。

（二）化学热处理

化学热处理是通过改变钢件表层化学成分，使热处理后的表层和芯部组织不同，从而使表面获得与芯部不同的性能，将工件放在一定的活性介质中加热，使某些元素渗入工件表层，以改变表层化学成分和组织，从而改善表层性能的热处理工艺。

化学热处理的方法很多，已用于生产的有渗碳、渗氮、碳氮共渗（提高零件的表面硬度增加耐磨性和疲劳强度等）以及渗金属等多种。不论哪一种方法都是通过以下三个基本过程来完成的：

①分解

介质在一定的温度下，发生化学分解，产生渗入元素的活性原子。

②吸收

活性原子被工件表面吸收，例如，活性碳原子溶入铁的晶格中形成固溶体、与铁化合成金属化合物。

③扩散

渗入的活性原子，在一定的温度下，由表面向中心扩散，形成一定厚度的扩散层（渗层）。

1. 渗碳

为了增加钢表面的含碳量，将钢件放入含碳的介质中，加热并保温，使钢件表层提高含碳量，这一工艺称为渗碳。

低碳钢或低碳合金钢可采用渗碳处理，如 15、20、20cr 等钢。渗碳件经淬火和低温回火后，表面具有高硬度、高耐磨性及较高的疲劳强度，而芯部仍保持良好的韧性和塑性。

2. 渗氮

在一定温度下，使活性氮原子渗入工件表面的化学热处理工艺称为渗氮。它与渗碳相比，渗氮层有更高的硬度、耐磨性、疲劳强度和耐蚀性。

专用的渗氮钢为 38CrMoAlA，经渗氮后，表面硬度可达 950～1200HV。渗氮是在较低的温度下完成的，渗氮后无须淬火，因此变形小，但渗氮生产周期长、工艺复杂、成本高，须用专用渗氮钢。

3. 碳氮共渗

在一定温度下，将碳、氮同时渗入工件表层，并以渗碳为主的化学热处理工艺称为碳氮共渗。碳氮共渗与渗碳相比，不仅加热温度低，零件不易过热，变形小，而且渗层有较高的硬度、耐磨性、疲劳强度。其适用钢种：低、中碳钢及合金钢。

4. 渗金属

渗金属是指以金属原子渗入钢的表面层的过程。它是使钢的表面层合金化，以使工件表面具有某些合金钢、特殊钢的特性，如耐热、耐磨、抗氧化、耐腐蚀等。生产中常用的有渗铝、渗铬、渗硼、渗硅等。通俗地讲，就是使一种或多种金属原子渗入金属工件表层内的化学热处理工艺。将金属工件放在含有渗入金属元素的渗剂中，加热到一定温度，保持适当时间后，渗剂热分解所产生的渗入金属元素的活性原子便被吸附到工件表面，并扩散进入工件表层，从而改变工件表层的化学成分、组织和性能。

随着科技的发展，金属材料的热处理，还有变形热处理及真空热处理等方法，近年来在冶金和机械制造业中已获得广泛应用。

第五节　工程塑料及复合材料

塑料是以天然或合成的高分子化合物为主要成分的原料，添加各种辅助剂（如填料、增塑剂、稳定剂、胶黏剂及其他添加剂）塑制成形，故称为塑料。

一、工程塑料的性能、种类及应用

（一）塑料的特性

塑料与金属比的优点是：质量轻，比强度高，化学稳定性好，减摩、耐磨性好，电绝缘性优异，消声和吸震性好，成形加工性好，加工方法简单，生产率高。

塑料的缺点是：强度、刚度低，耐热性差，易燃烧和老化，导热性差，热膨胀系数大。

（二）塑料的分类及用途

根据树脂在加热和冷却时所表现的性质，塑料可分为热塑性塑料和热固性塑料两种。

1．热塑性塑料

热塑性塑料加热时变软，冷却后变硬，再加热又可变软，可反复成形，基本性能不变，其制品使用的温度低于120℃。热塑性塑料成形工艺简单，可直接经挤塑、注塑、压延、压制、吹塑成形，生产率高。

常用的热塑性塑料有以下几类：

（1）聚乙烯（PE）

适用于薄膜、软管、瓶、食品包装、药品包装以及承受小载荷的齿轮、塑料管、板、绳等。

（2）聚氯乙烯（PVC）

适用于输油管、容器、阀门管件等耐蚀结构件以及农业和工业包装用薄膜、人造革材料（因材料有毒，不能包装食品）等。

（3）ABS 塑料是丙烯腈（A）、丁二烯（B）、苯乙烯（C）三元共聚物

其应用于机械、电器、汽车、飞机、化工等行业，如齿轮、叶轮、轴承、仪表盘等零件。

（4）有机玻璃（PMMP）

其应用于航空、电子、汽车、仪表等行业中的透明件、装饰件等。

（5）聚酰胺（PA，俗称尼龙）

PA 具有良好的综合性能，包括力学性能、耐热性、耐磨损性、耐化学药品性和自润滑性，且摩擦系数低，有一定的阻燃性，易于加工，适于用玻璃纤维和其他填料填充增强改性、提高性能和扩大应用范围，在汽车、电气设备、机械部构、交通器材、纺织机械、造纸机械等方面得到广泛应用。

2. 热固性塑料

热固性塑料加热软化，冷却后坚硬，固化后再加热则不再软化或熔融，不能再成形。热固性塑料抗蠕变性强、不易变形、耐热性高，但树脂性能较脆、强度不高、成形工艺复杂、生产率低。

常用的热固性塑料有以下几类：

（1）酚醛塑料（PF），俗称"电木"

其用于制造开关壳、插座壳、水润滑轴承、耐蚀衬里、绝缘件及复合材料等。

（2）环氧树脂塑料（EP）

其适用于制造玻璃纤维增强塑料（环氧玻璃钢）、塑料模具、仪表、电器零件，且可用于涂覆、包封和修复机件。

二、复合材料的性能、种类及应用

复合材料是由两种或两种以上性质不同的材料，经人工组合而成的多相固体材料。

（一）复合塑料的特性

复合材料既保留了单一材料各自的优点，又有单一材料所没有的优良综合性能。其优点是强度高，抗疲劳性能好，耐高温、耐蚀性好，减摩、减震性好，制造工艺简单，可以节省原材料和降低成本。它的缺点是抗冲击性差，不同方向上的力学性能存在较大差异。

（二）复合材料的分类及用途

复合材料分为基体相和增强相。基体相起黏结剂作用，增强相起提高强度和韧性的作用。常用复合材料为纤维增强复合材料、层叠复合材料和颗粒复合材料三种。

1. 纤维增强复合材料

如玻璃纤维增强复合材料（俗称玻璃钢）是用热塑（固）性树脂与纤维复合的一种复合材料，其抗拉、抗压、抗弯强度和冲击韧性均有显著提高。它主要用于减摩、耐磨零件及管道、泵体、船舶壳体等。

2. 层叠复合材料

层叠复合材料是由两层或两层以上不同材料复合而成，其强度、刚度、耐磨、耐蚀、绝热和隔声等性能分别得到改善，主要应用于飞机机翼、火车车厢、轴承、垫片等零件。

3. 颗粒复合材料

颗粒复合材料是一种或多种材料的颗粒均匀分散在基体内所组成的。金属粒和塑料的复合是将金属粉加入塑料中，改善导热、导电性，降低线膨胀系数，如加铅粉于塑料中，可做防 γ 射线辐射的罩屏，加铅粉可制作轴承等。

复合材料在制造业中，用来制造高强度零件、化工容器、汽车车身、耐腐蚀结构件、绝缘材料和轴承等，复合材料的应用日益广泛。

第三章
数控机床及数控技术

第一节　数控机床及数控技术简介

数控（Numerical Control，NC）技术是用数字化信息（数字量及字符）发出指令并实现自动控制的技术。计算机数控（Computerized Numerical Control，CNC）是指用计算机实现部分或全部数控功能，它是现代工业生产中的一门新型的、发展十分迅速的高新技术。

数控机床是采用了数控技术的机床，或者说是装备了数控系统的机床，它集机械制造、计算机、微电子、现代控制及精密测量等多种技术于一体，实现了高度的机电一体化。国际信息联盟（IFIP）第五技术委员会，对数控机床做了如下定义：数控机床是一种装有程序控制系统的自动化机床，该控制系统能够逻辑地处理具有控制编码或其他符号指令规定的程序。

一、数控机床的工作原理和组成

（一）数控机床的工作原理

金属切削机床加工零件是操作者依据工程图样的要求，不断改变刀具与工件之间相对运动的参数（位置、速度等），使刀具对工件进行切削加工，最终得到所需要的合格零件。而数控机床的加工是把刀具与工件的运动坐标分割成一些最小的单位量，即最小位移量，由数控系统按照零件程序的要求，使坐标移动若干个最小位移量，从而实现刀具与工件的相对运动，完成对零件的加工。刀具沿坐标轴的相对运动是以脉冲当量 δ 为单位的（mm/ 脉冲）。

当走刀轨迹为直线或圆弧时，数控装置则在线段的起点和终点坐标值之间进行"数据点的密化"，求出一系列中间点的坐标值，然后按中间点的坐标值，向各坐标输出脉冲数，保证加工出需要的直线或圆弧轮廓。数控装置进行的这种"数据点的密化"称为插补，一般数控装置都具有对基本函数（如直线函数和圆函数）进行插补的功能。

对任意曲面零件的加工，必须使刀具运动的轨迹与该曲面完全吻合，这样才能加工出所需的零件。

实际上，在数控机床上可以加工任意曲线的零件，它们都是由该数控装置所能处理的基本数学函数来逼近的，例如，用直线、圆等来逼近曲线。自然，逼近误差必须满足零件图样的要求。

（二）数控机床的组成

数控机床一般由输入／输出设备、数控装置、伺服驱动系统、位置检测及反馈系统和机床主机组成。

1. 输入／输出（I/O）设备

将编制好的程序经输入／输出设备传送并存入数控装置内。输入／输出设备可以是光电阅读机、数控装置上的键盘和打印机等。

2. 数控装置（CNC）

数控装置是数控机床的核心，它由计算机（硬件和软件）、可编程逻辑控制器（PLC）和接口电路三个部分组成。加工时从储存器中调出零件加工程序，按程序段进行译码，将零件加工程序转换为数控装置能够接受的代码。译码后分成两路：一路是高速轨迹信息，该路信息先通过预处理（刀具补偿处理、进给速度处理），再进行插补和位置控制，由伺服驱动系统实现坐标轴的协同移动。另一路是低速辅助信息，通过可编程逻辑控制器接收来自零件加工程序的开关功能信息（辅助功能 M、主轴转速功能 S、刀具功能 T）、机床操作面板上的开关量信号及机床侧的开关量信号，进行逻辑处理，完成输出控制功能，实现各功能及操作方式的联锁。这一路信息即控制主运动部件的变速、换向和启停，控制刀具的选择和交换，控制冷却、润滑的启停，控制工件和机床部件的松开和夹紧，控制分度工作台的转位等功能。

3. 伺服驱动系统

伺服驱动系统接收数控装置发来的速度和位移信号，控制伺服电机的运动速度和方向。伺服驱动系统一般由伺服电路和伺服电机组成，并与机床上的机械传动部件组成数控机床的进给系统。机床上的每个做伺服进给运动的轴，都配有一套伺服驱动系统。

4. 位置检测及反馈系统

它测量机床主机执行部件的实际进给位置，并把这一信息反馈至数控装置与指令位置进行比较，将其误差转换、放大后控制伺服驱动系统，实现伺服进给运动，纠正位置误差。

5. 机床主机

数控机床主机包括主运动部件（如主轴组件、变速箱等）、进给运动执行部件（如工作台、拖板、丝杠、导轨及其传动部件）和支承部件（如床身、立柱等）；此外，还有冷却、润滑、转位和夹紧等辅助装置。对于能同时进行多道工序加工的加工中心类的数控机床，还有存放刀具的刀库、交换刀具的机械手等部件。数控机床机械部件的组成与普通机床相似，但对其传动结构要求更为简单，在精度、刚度、抗震性及其动态特性等方面要求更高，而且对其传动和变速系统要求实现自动控制。

二、数控机床的分类

数控机床的品种规格很多，分类方法也各不相同。一般可根据功能和结构，按下面四种原则进行分类：

（一）按机床运动的控制轨迹分类

1. 点位控制数控机床

点位控制数控机床只要求控制机床的移动部件从一点移动到另一点的准确定位，对于点与点之间的运动轨迹的要求并不严格，在移动过程中不进行加工，各坐标轴之间的运动是不相关的。为了实现既快速又精确的定位，两点间位移的移动一般先快速移动，然后慢速趋近定位点，从而保证定位精度。具有点位控制功能的机床主要有数控钻床、数控镗床和数控冲床等。

2. 直线控制数控机床

直线控制数控机床也称为平行控制数控机床，其特点是除了控制点与点之间的准确定位外，还要控制两相关点之间的移动速度和移动轨迹，但其运动路线只是与机床坐标轴平行移动，也就是说同时控制的坐标轴只有一个，在移位的过程中刀具能以指定的进给速度进行切削。具有直线控制功能的机床主要有数控车床、数控铣床和数控磨床等。

3. 轮廓控制数控机床

轮廓控制数控机床也称连续控制数控机床，其控制特点是能够对两个或两个以上的运动坐标方向的位移和速度同时进行控制。为了满足刀具沿工件轮廓的相对运动轨迹符合工件加工轮廓的要求，必须将各坐标方向运动的位移控制和速度控制按照规定的比例关系精确地协调起来。因此，在这类控制方式中，就要求数控装置具有插补运算功能，通过数控系统内插补运算器的处理，把直线或圆弧的形状描述出来，也就是一边计算，一边根据计算结果向各坐标轴控制器分配脉冲量，从而控制各坐标轴的联动位移量与要求的轮廓相符合。在运动过程中刀具对工件表面连续进行切削，可以进行各种直线、圆弧、曲线的加工。

这类机床主要有数控车床、数控铣床、数控线切割机床和加工中心等，其相应的数控装置称为轮廓控制数控系统。根据它所控制的联动坐标轴数不同，又可以分为下面几种形式：

（1）二轴联动

它主要用于数控车床加工旋转曲面或数控铣床加工曲线柱面。

（2）二轴半联动

它主要用于三轴以上机床的控制，其中两根轴可以联动，而另外一根轴可以做周期性进给运动。

（3）三轴联动

它一般分为两类，一类就是 X、Y、Z 三个直线坐标轴联动，比较多地用于数控铣床和加工中心等；另一类是除了同时控制 X、Y、Z 其中两个直线坐标轴外，还同时控制围绕其中某一直线坐标轴旋转的旋转坐标轴，如车削加工中心，它除了纵向（Z 轴）、横向（X 轴）两个直线坐标轴联动外，还要同时控制围绕 Z 轴旋转的主轴（C 轴）联动。

（4）四轴联动

它同时控制 X、Y、Z 三个直线坐标轴与某一旋转坐标轴联动。同时控制 X、Y、Z 三个直线坐标轴与一个工作台回转轴联动的数控机床。

（5）五轴联动

除同时控制 X、Y、Z 三个直线坐标轴联动外，还同时控制围绕这些直线坐标轴旋转的 A、B、C 坐标轴中的两个坐标轴，形成同时控制五个轴联动。这时刀具可以被定在空间的任意方向。比如，控制刀具同时绕 X 轴和 Y 轴两个方向摆动，使得刀具在其切削点上始终保持与被加工的轮廓曲面成法线方向，以保证被加工曲面的光滑性，提高其加工精度和加工效率，减小被加工表面的粗糙度。

（二）按伺服系统控制的方式进行分类

1. 开环控制数控机床

开环控制数控机床的进给伺服驱动是开环的，即没有检测反馈装置，一般它的驱动电动机为步进电动机。步进电动机的主要特征是控制电路每变换一次指令脉冲信号，电动机就转动一个步距角，并且电动机本身就有自锁能力。

数控系统输出的进给指令信号通过脉冲分配器来控制驱动电路，它以变换脉冲的个数来控制坐标位移量，以变换脉冲的频率来控制位移速度，以变换脉冲的分配顺序来控制位移的方向。因此，这种控制方式的最大特点是控制方便、结构简单、价格便宜。因为数控系统发出的指令信号流是单向的，所以不存在控制系统的稳定性问题，但由于机械传动的误差不经过反馈校正，因而位移精度不高。

2. 闭环控制数控机床

闭环控制数控机床的进给伺服驱动是按闭环反馈控制方式工作的，其驱动电动机可采用直流或交流两种伺服电动机，并需要具有位置反馈和速度反馈，在加工中随时检测移动部件的实际位移量，并及时反馈给数控系统中的比较器。它与插补运算所得到的指令信号进行比较，其差值又作为伺服驱动的控制信号，进而带动位移部件以消除位移误差。

按位置反馈检测元件的安装部位和所使用的反馈装置的不同，它又分为全闭环控制和半闭环控制两种控制方式。

（1）全闭环控制

其位置反馈装置采用直线位移检测元件（目前一般采用光栅尺），安装在机床的工作台侧面，即直接检测机床工作台坐标的直线位移量，并通过反馈消除从电动机到机床工作台的整个机械传动链中的传动误差，从而得到机床工作台的准确位置。这种全闭环控制方式主要用于精度要求很高的数控坐标镗床和数控精密磨床等。

（2）半闭环控制

其位置反馈采用转角检测元件（目前主要采用编码器等）直接安装在伺服电动机或丝杠端部。由于大部分机械传动环节未包括在系统闭环环路内，因此可获得较稳定的控制特性。丝杠等机械传动误差不能通过反馈来随时校正，但是可以采用软件定值补偿方法适当提高其精度。目前，大部分数控机床采用半闭环控制方式。

3. 混合控制数控机床

将上述控制方式的特点有选择地集中，可以组成混合控制的方案。如前所述，由于开环控制方式稳定性好、成本低、精度差，而全闭环稳定性差，因此，为了互相弥补，以满足某些机床的控制要求，宜采用混合控制方式。采用较多的控制方式有开环补偿型和半闭环补偿型两种方式。

（三）按数控系统的功能水平分类

按数控系统的功能水平，通常把数控系统分为低、中、高三档。这种分类方式，在我国用得较多。低、中、高三档的界限是相对的，不同时期，划分标准也会不同。就目前的发展水平看，将各种类型的数控系统分为低、中、高档三类。其中，中、高档一般称为全功能数控或标准型数控。经济型数控属于低档数控，是指由单片机和步进电动机组成的数控系统，或其他功能简单、价格低的数控系统。经济型数控系统主要用于车床、线切割机床以及旧机床改造等。

（四）按加工工艺及机床用途分类

1.金属切削类

金属切削类数控机床指采用车、铣、镗、铰、钻、磨、刨等各种切削工艺的数控机床。它又可分为以下两类：

（1）普通型数控机床

如数控车床、数控铣床、数控磨床等。

（2）加工中心

其主要特点是具有自动换刀机构和刀具库，工件经一次装夹后，通过自动更换各种刀具，在同一台机床上对工件各加工面连续进行铣（车）、镗、铰、钻、攻螺纹等多种工序的加工，如（镗／铣类）加工中心、车削中心、钻削中心等。

2.金属成形类

金属成形类数控机床指采用挤、冲、压、拉等成形工艺的数控机床，常用的有数控压力机、数控折弯机、数控弯管机、数控旋压机等。

3.特种加工类

特种加工类数控机床主要有数控电火花线切割机、数控电火花成形机、数控火焰切割机、数控激光加工机等。

三、数控机床的特点和应用

（一）数控机床的特点

1.加工精度高

数控机床是按数字形式给出的指令进行加工的。目前数控机床的脉冲当量普遍达到了0.001，而且进给传动链的反向间隙与丝杠螺距误差等均可由数控装置进行补偿，因此，数控机床能达到很高的加工精度。对于中、小型数控机床，其定位精度普遍可达 0.03，重复定位精度为 0.01。

2. 对加工对象的适应性强

数控机床上改变加工零件时，只须重新编制程序，输入新的程序就能实现对新的零件的加工，这就为复杂结构的单件、小批量生产以及试制新产品提供了极大的便利。对那些普通手工操作的普通机床很难加工或无法加工的精密复杂零件，数控机床也能实现自动加工。

3. 自动化程度高，劳动强度低

数控机床对零件的加工是按事先编好的程序自动完成的，操作者除了操作键盘、装卸工件、对关键工序的中间检测以及观察机床运行之外，不需要进行复杂的重复性手工操作，劳动强度与紧张程度均可大为减轻，加上数控机床一般有较好的安全防护、自动排屑、自动冷却和自动润滑装置，操作者的劳动条件也大为改善。

4. 生产效率高

零件加工所需的时间主要包括机动时间和辅助时间两部分。数控机床主轴的转速和进给量的变化范围比普通机床大，因此数控机床的每一道工序都可选用最有利的切削用量。由于数控机床的结构刚性好，因此，允许进行大切削量的强力切削，这就提高了切削效率，节省了机动时间。因为数控机床的移动部件的空行程运动速度快，所以工件的装夹时间、辅助时间比一般机床少。

数控机床更换被加工零件时几乎不需要重新调整机床，故节省了零件安装调整时间。数控机床加工质量稳定，一般只做首件检验和工序间关键尺寸的抽样检验，因此节省了停机检验时间。当在加工中心上进行加工时，一台机床实现了多道工序的连续加工，生产效率的提高更为明显。

5. 经济效益良好

数控机床虽然价值昂贵，加工时分到每个零件上的设备折旧费高，但是在单件、小批量生产的情况下：①使用数控机床加工，可节省划线工时，减少调整、加工和检验时间，节省了直接生产费用；②使用数控机床加工零件一般不需要制作专用夹具，节省了工艺装备费用；③数控加工精度稳定，减少了废品率，使生产成本进一步下降；④数控机床可实现一机多用，节省厂房面积，节省建厂投资。因此，使用数控机床仍可获得良好的经济效益。

（二）数控机床的应用

数控机床有普通机床所不具备的许多优点。其应用范围正在不断扩大，但它并不能完全代替普通机床，也还不能以最经济的方式解决机械加工中的所有问题。数控机床最适合加工具有以下特点的零件：

1. 多品种、小批量生产的零件。

2. 形状结构比较复杂的零件。

3. 需要频繁改型的零件。

4. 价值昂贵、不允许报废的关键零件。

5. 设计制造周期短的急需零件。

6. 批量较大、精度要求较高的零件。

四、数控机床的发展趋势

目前，数控机床已经朝着高可靠性、高柔性化、高精度化、高速度化、多功能复合化、制造系统自动化方向发展。

（一）高可靠性

高效数控机床的可靠性是数控机床产品质量的一项关键性指标，数控机床能否发挥其高柔性、高速度、高效率，并获得良好的效益，关键取决于其可靠性。近些年来，已在数控机床产品中应用了可靠性技术，并取得了明显的进展。

衡量可靠性的重要量化指标是平均无故障工作时间（MTBF）。作为数控机床的大脑——数控系统的 MTBF 值已由 20 世纪 70 年代的大于 3 000 h，80 年代的大于 10 000 h，提高到 90 年代初的大于 30 000 h。

（二）高柔性化

柔性化是数控机床的主要特点。它是指机床适应加工对象变化的能力。传统的自动化设备和生产线，由于是机械或刚性连接和控制的，因此当被加工对象变化时，调整困难，甚至是不可能的，有时只得全部更新、更换。数控机床的出现，开创了柔性自动化加工的新纪元，对于满足加工对象的变化，已具有很强的适应能力。目前，在进一步提高单机柔性化的同时，正努力向单元柔性化和系统柔性化发展。体现系统柔性化的柔性制造单元（Flexible Manufacture Cell，FMC）和柔性制造系统（Flexible Manufacture System，FMS）发展迅速，美国 FMC 安装的平均增长率达到 72%，日本 FMS 安装的平均增长率为 24%。

（三）高精度化

高精度化一直是数控机床技术发展追求的目标。它包括机床几何精度和机床使用的加工精度两方面，近10年来已经取得明显效果，普通级加工中心的定位精度已从20世纪80年代的 $\pm 12\mu m/300mm$，提高到90年代初期的 $\pm (2\sim5)\mu m/$ 全程。

（四）高速度化

提高生产率是机床技术发展追求的基本目标之一，实现这个目标的最主要、最直接的方法就是提高切削速度和减少辅助时间。

提高主轴速度是提高切削速度的最有效的方法。近10年来，主轴转速已经翻了几番。20世纪80年代，加工中心主轴的最高转速为 $4000\sim6000r/min$；90年代提高到 $8000\sim12000r/min$；目前可达到 $20000r/min$。数控高速磨削的砂轮线速度从 $50\sim60m/s$ 提高到 $100\sim200m/s$。

减少非切削时间主要体现在提高快速移动速度和缩短换刀时间与工作台交换时间上。目前，快速移动速度已由10年前的 $8\sim12m/min$ 提高到现在的 $18\sim24m/min$，移动速度为 $30\sim40m/min$ 的机床也稳定用于生产，最高移动速度可以达到 $100m/min$，因而大大减少了非切削时间。

数控机床在缩短换刀时间和工作台交换时间方面也取得了较大的进展。数控车床刀架的转位时间已经从过去的 $1\sim3s$ 减少到 $0.4\sim0.6s$。由于加工中心的刀库换刀结构的改进，使换刀时间从 $5\sim10s$ 减少到 $1\sim3s$，而工作台交换时间也由 $12\sim20s$ 减少到 $6\sim10s$。

（五）制造系统自动化

自20世纪80年代中期以来，以数控机床为主体的加工自动化已从"点"（单台数控机床）发展到"线"的自动化（FMS、FML）和"面"的自动化（柔性制造车间）。结合信息管理系统的自动化，逐步形成整个工厂"体"的自动化。在国外已出现自动化工厂（FA）和计算机集成制造（CIM）工厂的雏形实体。尽管由于这种高自动化的技术还不够完备，投资过大，回收期较长，但数控机床的高自动化以及向FMC、FMS系统集成方向发展的趋势仍是机械制造业发展的主流。

第二节　数控加工工艺基础知识

数控加工工艺是指利用数控机床加工零件时所运用的各种方法和技术手段的总和，它是大量数控加工实践的经验总结，是逐步发展和完善起来的一门应用技术。数控加工工艺主要内容包括：

1. 选择并确定数控加工的内容。

2. 对零件图纸进行数控加工的工艺分析。

3. 零件图形的数学处理及变成尺寸设定值的确定。

4. 加工工艺方案的确定、工步和进给路线的确定。

5. 选择数控机床的类型，刀具、夹具、量具的选择和设计。

6. 切削参数的确定，加工程序的编写、校验和修改。

7. 首件试加工和现场问题处理。

8. 数控加工工艺文件的定型和归档。

一、数控机床的坐标系统和原点偏置

（一）数控机床的坐标系

数控加工是基于数字的加工，刀具和工件的相对位置必须在相应的坐标系下才能确定。数控机床的坐标系包括坐标系、坐标原点和运动方向。为使编程方便，目前国际上已统一了标准的坐标系——右手直角笛卡儿坐标系。

数控机床的坐标系采用右手直角笛卡儿坐标系，其基本坐标系为 X、Y、Z 直角坐标轴，以及相对于每个轴的旋转运动坐标轴为 A、B、C。

在数控加工过程中，数控机床的坐标运动指的是刀具相对于工件的运动，也就是认为刀具做进给运动，工件静止不动。

ISO-841 中对数控机床的坐标轴和运动方向均有一定的规定。一般 X 轴为水平的、平行于工件装夹平面的坐标轴，它平行于主要的切削方向，以此方向为正方向，由此确定 Y 轴和 Z 轴，进而确定 A、B、C 轴的方向。

（二）数控机床的坐标原点

1. 机床原点

数控机床的基准位置，称为机床原点或机床绝对原点，是机床制造商设置在机床上的一个物理位置，其作用是使机床与控制系统同步，建立测量机床运动坐标的起始点，亦称为机械原点。

2. 机床参考点

与机床原点相对应的还有一个机床参考点，它是机床制造商在机床上用行程开关设置的一个物理位置，与机床原点相对位置是固定的，在机床出厂之前由机床制造商精密测量确定。机床参考点一般不同于机床原点，一般来说，加工中心的参考点为机床的自动换刀位置。

3.程序原点

对于数控编程和数控加工来说，还有一个重要的原点就是程序原点，是编程人员在数控编程过程中定义在工件上的几何基准点，有时也称为工件原点。程序原点一般用 G92 或 G54 ～ G59（对于数控镗铣床）和 G50（对于数控车床）设置。

4.装夹原点

装夹原点常见于带回转（摆动）工作台的数控机床或加工中心上，一般是机床工作台上的一个固定点。例如，回转中心与机床参考点的偏移量可通过测量得到，然后存入数控系统的原点偏置寄存器中，供数控系统原点偏移计算用。

二、数控系统的插补实现

在数控加工程序中，刀具怎么从起点沿运动轨迹走到终点是由数控系统的插补装置或插补软件来控制的。实际加工中，在被加工零件的轮廓曲线过于复杂的情况下，直接计算刀具运动轨迹需要的计算工作量很大，不能满足数控加工的实时控制要求。因此，在实际应用中，用一小段直线或圆弧去逼近（或称为拟合）零件轮廓曲线，即通常所说的直线和圆弧插补。在某些高性能的数控系统中，还具有抛物线、螺旋线插补功能。

在现代数控系统中，常用的插补实现方法有两种：由硬件和软件的结合实现、全部采用软件实现。

插补的任务就是根据进给速度的要求，完成在轮廓起点和终点之间的中间点的坐标值计算。人们一直努力探求在计算速度快的同时计算精度又高的插补算法，目前普遍应用的插补算法分为脉冲增量插补和数据采样插补两大类。

（一）脉冲增量插补

此法适用于以步进电动机为驱动装置的开环数控系统，其特点是每一次插补的结果仅产生一个行程增量，以一个脉冲的方式输出给步进电动机。脉冲增量插补的实现方法比较简单，通常仅用加法和移位就可完成插补，容易用硬件来实现，而且用硬件实现这类运算的速度很快。但是，数控系统一般均用软件来完成这类算法，用软件实现的脉冲增量插补算法一般要执行 20 多条指令，如果 CPU 的时钟为 5MHz，那么计算一个脉冲当量所需的时间大约为 40μs，当脉冲当量为 0.001mm 时，可以达到的坐标轴极限速度为 5m/min，如果要控制两个或两个以上坐标，且还要承担其他必要的数控功能时，所能形成的轮廓插补进给速度将进一步降低。如果要求保证一定的进给速度，只能增大脉冲当量，使精度降低。因此，脉冲增量插补输出的速率主要受插补程序所用时间的限制，它仅仅适用于中等精度和中等速度，以步进电动机为执行机构的数控系统。

（二）数据采样插补

此法适用于闭环和半闭环，以直流或交流伺服电动机为执行机构的数控系统。这种方法是将加工一段直线或圆弧的时间划分为若干相等的插补周期，每经过一个插补周期就进行一次插补计算，算出在该插补周期内各坐标轴的进给量，边计算边加工，在若干次插补周期后完成一个曲线段的加工。

当采用数据采样插补时，根据加工直线或圆弧段的进给速度，计算出每一个插补周期内的插补进给量，即步长。对于曲线插补，插补步长和插补周期越短，插补精度就越高；进给速度越快，插补精度就越低。

在一个插补周期内，不仅要完成基本的插补运算，一般来说，还要留出 3/4 个插补周期进行后续程序段的插补预处理计算和完成其他数控功能，包括编程、存储、采集运行和状态数据、监视系统和机床等数控功能。因此，在计算机 CPU 的处理速度不变的情况下，通过缩短插补周期来提高插补精度和进给速度的潜力是有限的。

三、数控系统的刀具补偿

在数控铣床和数控车床加工中，二维刀具半径补偿的原理相同，但由于刀具形状和加工方法区别较大，刀具半径补偿方法有一定的区别。下面着重介绍车削加工中的刀尖半径补偿方法：

在加工零件的过程中，由于数控车床车刀的刀尖通常是一段半径很小的圆弧，而假设的刀尖点（一般是通过对刀仪测量出来的）并不是刀刃圆弧上的一点。因此，当车削锥面、倒角或圆弧时，可能会造成切削加工不足（不到位）或切削过量（过切）的现象。

因此，当使用车刀来切削加工锥面时，必须将假设的刀尖点的路径做适当的修正，以获得正确的工件尺寸，这种修正方法称为刀尖半径补偿。

车削加工刀尖半径补偿分为左补偿（用 G41 指令）和右补偿（用 G42 指令）。顺着刀具前进方向看，刀具始终在工件左侧，则为左补偿，反之为右补偿。当采用刀尖半径补偿时，刀具运动轨迹指的不是刀尖，而是刀尖上刀刃圆弧的中心位置，这在设置程序原点时就需要考虑。

二维刀具半径补偿仅在指定的二维走刀平面内进行，走刀平面由 G17（*XY* 平面）和 G19（*ZX* 平面）指定，刀具半径或刀刃半径值则通过调用相应的刀具半径偏置寄存器编码（用 D 代码指定）来取得，对于数控车床，还可采用 T 代码来调用刀具补偿。

现代数控系统的二维刀具半径补偿不仅可以自动完成刀具中心轨迹的偏置，还能自动实现直线与直线转接、圆弧与圆弧转接、直线与圆弧转接等尖角过渡功能。

需要指出的是，二维刀具半径补偿计算是数控系统自动完成的，而且不同的数控系统所采用的计算方法一般来说也不相同，编程员在编制零件加工程序时不必考虑刀具半径补偿的计算方法。

四、数控系统的指令集

数控程序由一系列程序段和程序块构成。每一程序段用于描述准备功能、刀具坐标位置、工艺参数和辅助功能等。ISO 对数控机床的编码格式做了若干标准和规范。但由于新型数控系统和数控机床的不断出现，其中的很多功能实际上超出了目前国际上通用的标准，其指令格式也更加灵活，不受 ISO 标准的约束。此外，即使是同一功能，不同厂商的数控系统采用的指令格式也有一定的差异。尽管如此，基本的编码字符、准备功能和辅助功能代码，对于绝大多数数控系统来说是相同的，且符合 ISO 标准。下面主要介绍常用的（一般均是标准的）数控编程指令及其格式：

（一）程序段一般格式

在一般的程序段中各指令的格式为：

N35G01   X26.8   Y32.   Z15.428   F152.

其中：N35 为程序段号；G 代码为准备功能，G01 表示直线插补；X、Y、Z 为刀具运动的终点坐标位置，现代数控系统一般都对坐标值的小数点有严格的要求（有的系统可以用参数进行设置），比如 32 应写成 32.，否则有的系统会将 32 视为 32μm，而不是 32mm，而另外有的系统则视为 32mm，若写成 32.，则一定是 32mm；F 为进给速度代码，F152. 表示进给速度为 152mm/min，其小数点与 X、Y、Z 坐标的小数点同样重要。

在一个程序段中，可能出现的编码字符还有 S（主轴转速功能）、T（刀具功能）、M（辅助功能）、I、J、K、H、R 等。

（二）常用的编程指令

在数控加工中，常用 G 指令、M 指令、T 指令和 S 指令代码来控制各种加工操作。下面主要介绍一下常用的编程指令，对于那些不常用的编码字符和编程指令，应参考所使用的数控机床编程手册。

1. 准备功能指令 G

准备功能的指令由字符 G 和其后的 1～3 位数字组成，常用的是 G00～G150。准备功能的作用是指定机床的运动方式，为数控系统的插补计算做准备。

2. 辅助功能指令 M

辅助功能指令亦称 M 指令，由字母 M 和其后的两位数字组成，从 M00 到 M99，共 100 种。这类指令主要是用于机床加工操作时的工艺性指令。

3. 其他常用功能指令

（1）T 功能——刀具功能

T 代码用于选择刀具，但并不执行换刀操作，M06 用于启动换刀操作。T 不一定要放在 M06 之前，只要放在同一程序段中即可（在有的数控车床上，T 具有换刀功能）。

（2）S 功能——主轴速度功能

S 代码后的数值为主轴转速，要求为整数，速度范围从 1 到最大的主轴转速。在零件加工之前一定要先启动主轴运转（M03 或 M04）。对于数控车床可以指定恒表面切削速度。

（3）F 功能——进给速度/进给率功能

在只有 X、Y、Z 三坐标运动的情况下，F 代码后面的数值表示刀具的运动速度，单位为 mm/min（对数控车床还可为 mm/r）。如果运动坐标有转动坐标 A、B、C 中的任何一个，则 F 代码后的数值表示进给率，即 F=1/t，t 表示走完一个程序段所需要的时间，F 的单位为 1/min。当程序启动第一个 G01 或 G02 或 G03 功能时，必须同时启动 F 功能。当前 F 值在指定下一个 F 值之前保持不变。

第三节　数控加工工艺设计

在加工零件前，首先要解决数控加工工艺设计的问题，必须对所加工的零件进行工艺分析，拟订加工方案，选择合适的刀具和夹具，确定切削用量。在编程过程中，还需要进行工艺设计方面的工作，如确定对刀点等。因此，数控加工工艺设计是一项十分重要的工作。

在数控加工前，必须由编程人员把全部工艺过程、工艺参数和位移量事先编制成程序，输入数字控制系统，用程序控制机床的整个加工过程。由于整个程序是自动进行的，因此数控加工工艺设计要求得非常详细、具体，如工步的安排、各部件运动次序、位移、走刀路线、切削用量等都必须在工艺设计中考虑并正确编入加工程序中。这些工作是编程人员必须事先具体设计和安排的内容。

虽然数控机床自动化程度高，但自我调整能力差。因此，数控加工工艺设计必须要注意到加工中的每一个细节。大量实践证明，数控加工中出现差错和失误的主要原因是工艺设计时考虑不周或编程时粗心大意。因此，数控编程人员必须具备扎实的编程知识和丰富的工艺设计经验，并具有扎实严谨的工作作风。

一、数控加工内容的选择

对于适合数控加工的零件，应该进行加工内容的选择，并不一定在数控机床上完成所有加工工序，而可能只是选择其中一部分工序进行加工。因此，应对零件图进行工艺分析，选择最适合、最需要进行数控加工的工序，充分发挥数控加工的优势。

（一）选择数控加工内容时，一般按顺序考虑

1. 普通机床无法加工的工序是优先选择的内容。

2. 普通机床难加工、质量难以保证的工序是重点选择内容。

3. 普通机床加工效率低、工人劳动强度大的工序，可作为一般选择内容。

（二）加工工序不宜选择数控加工

1. 占机调整时间长，如用粗基准定位加工第一个精基准的工序。

2. 必须使用专用夹具或工装所加工的工序。

3. 由某些特定的样板、样件、模块等为依据加工的型面轮廓。其主要原因是数据采集困难，从而增加了编程的难度。

4. 不能在工件一次装夹中完成的其他零星工序。

此外，在选择和决定数控加工工序时，还要考虑生产批量、生产周期以及生产均衡性等，做到优质、高产和高效。

二、数控加工工艺分析

对于数控加工工艺设计而言，必须从数控加工的可能性和方便性角度出发，认真、仔细地进行工艺分析。

（一）工件图尺寸的标注方法

零件用数控方法加工时，其工艺图样上的工件尺寸的标注方法应与数控加工的特点相

适应。一般地，零件的设计和尺寸的标注是以零件在机器中的功用和装配是否方便作为基本依据，以孔距作为主要标注形式，从而满足性能及装配要求和减少累积误差。

然而，在数控加工中，以同一基准引注尺寸或直接给出坐标尺寸却是最合适的。它适应了数控加工的特点，既便于编程，也便于尺寸之间相互协调，在保持设计、工艺、检测基准与编程原点设置的一致性方面带来了很大的方便。因此，在设计数控加工工艺时，工艺图样上的工件尺寸标注必须为集中引注或坐标式标注。

事实上，由于数控加工精度及重复定位精度都很高，不会过多产生由于尺寸标注而引起的累积误差。

（二）构成零件轮廓的几何元素条件

构成零件轮廓的几何元素的形状与位置尺寸（如直线的位置、圈弧的半径、圆弧与直线相切还是相交等）是数控编程的重要依据。手工编程时，应根据它计算出每一个节点的坐标值，自动编程时，依据它才能对构成轮廓的所有几何元素进行定义。无论哪一种条件不明确，编程都无法进行。因此，分析零件图样时，务必仔细认真，一旦发现问题，应及时与零件设计人员协商更改设计。

（三）数控加工的定位基准

在数控加工的工艺分析中应注意工件定位基准的选择和安装等问题。应注意以下问题：

1. 遵循基准统一原则，选用统一的定位基准加工各表面，既保证了各面的位置精度，又避免了因重复装夹而造成的定位误差。

2. 力求设计基准、工艺基准与编程计算基准的同一性。

3. 必要时在工件轮廓上设置工艺基准，在加工完成后除去。

4. 一般应选择已加工面作为数控加工的定位基准。

对拟订的数控加工对象进行工艺分析与审查，一般是在零件与毛坯图设计以后进行的，所以会遇到很多问题。特别是将原来在普通机床上加工的零件改在数控机床上加工，会遇到更多的麻烦。因为产品已定型，为适应数控加工，零件图和毛坯图必须做较大的更改，而这不仅仅是工艺部门的事情。因此，工艺编程人员要和产品设计人员密切合作，尽量在产品零件尚未定型之前进行工艺审查，充分考虑数控加工的工艺特点，使零件图纸的标注、基准、结构等适应数控加工的要求，在不影响零件使用功能的前提下，使零件的设计更多地满足数控加工工艺要求。

三、数控加工工艺路线设计

数控加工工艺路线是几道数控加工工艺的概括，不仅有数控工序的划分和安排问题，也包括与普通工序的衔接问题。

数控加工工序的划分，可按以下几个方面进行考虑。

（一）根据装夹定位划分

由于每个零件的形状不同，各表面的技术要求也不一样，因而在加工时定位方式也各不相同；因此，应将加工部位分成若干部分，每次安排其中一部分或几个部分，每一部分可用典型刀具进行加工。

（二）按所用刀具划分

为了减少换刀次数，减少空程时间，可以按刀具划分工序。在一次装夹中，用一把刀加工完成能加工的所有部位再换第二把刀加工。自动换刀数控机床中大多采用这种方法。

（三）以粗、精加工划分

由于粗加工切削余量较大，会产生较大的切削力而易使刚度较差的工件发生变形，故一般要进行校正，因此，要将粗、精加工分序进行。在划分工序中，要根据零件的结构特点与工艺性、机床性能、数控加工内容及生产条件灵活掌握，力求合理。

四、数控加工工序设计

数控加工工序设计的主要任务是进一步确定本工序的具体加工内容、切削用量、工装夹具、定位夹紧方式及刀具运动轨迹等，为编制加工工序做好准备工作。

（一）进给路线的确定和工步的顺序安排

走刀路线是刀具在加工工序中的运动轨迹，它既包括了工步的内容，也反映了工步的顺序。工步是由走刀（工作行程）所组成的，而工序又是由工步所组成的。在不引起混淆的情况下，走刀路线又称进给路线。走刀路线是编写程序的依据之一，因此，在确定走刀路线时最好画一张简图，将已经拟定好的走刀路线画上去（包括进、退刀路线），以便于编程。工步的划分和安排一般可以随走刀路线进行。在确定走刀路线时一般遵循以下原则：

1. 确定的加工路线应能保证零件的加工精度和表面质量要求。铣削工件外轮廓时一般采用立铣刀侧刃切削。刀具切入工件时，应避免沿工件外轮廓的法向切入，而应从外轮廓线延长线的切向切入，以免在工件的轮廓上切入处产生刻痕，以保证工件表面平滑过渡。同理，当刀具离开工件时，也应避免在工件的轮廓处直接退刀，而要沿工件轮廓延长线的切线方向逐渐离开。

铣削封闭的内轮廓表面。因内轮廓线曲线不允许外延，可用圆弧形进刀（退刀）轨迹与轮廓相切。当刀具只能沿轮廓线的法向切入和切出时，刀具切入切出点应尽量选在内轮廓面的交线处。

用圆弧插补方式铣削外整圆。当整圆加工完毕时，不要在切点处直接退刀，要让刀具多运动一段距离，最好是沿切线方向，以免取消刀具补偿时刀具与工件表面碰撞，造成工件报废。铣削内圆弧时，也要遵守切向切入的原则，最好选择从圆弧过渡到圆弧的走刀路线，以提高内孔表面的加工精度和表面质量。

对于孔位置精度要求较高的零件，精镗孔系时，安排的镗孔路线一定要注意各孔的定位方向一致，即采用单向趋近定位的方法，以避免传动系统的误差或测量系统的误差对定位精度的影响。

轮廓加工中应避免进给停顿。在加工过程中，工艺系统会发生受力变形，而进给停顿将使切削力突然减小，系统弹性变形恢复，从而造成刀具在停顿处给工件留下划痕。为了降低切削表面的粗糙度，提高加工精度，可以采用多次走刀的方法，最后一次走刀应留较小的加工余量，一般以 $0.2 \sim 0.5\,\mathrm{mm}$ 为宜。精铣时应尽量采用顺铣，以降低被加工表面的粗糙度。

2. 为提高生产效率，当确定加工路线时，应尽量缩短加工路线，以减少刀具空行程时间。

按照一般习惯应先加工均布于同一圆周上的八个孔，再加工另一圆周上的孔。但对于点位控制的数控机床而言，这并不是最短的加工路线。

3. 为了减少编程工作量，还应使数值计算简单，程序段数量少，程序简短。

（二）工件的安装与夹具的选择

1. 当考虑工件的安装时，首先要考虑定位基准和夹紧方案，应注意以下几点：

（1）力求设计基准、工艺基准与编程计算的基准统一。

（2）尽量减少装夹次数，尽可能做到一次定位装夹后就能加工出全部待加工表面，避免采用占机人工调整方案。

2. 夹具在数控加工中也有重要地位。根据数控加工的特点，对夹具有如下基本要求：

（1）保证夹具的坐标方向与机床的坐标方向相对固定。

（2）能协调零件与机床坐标系的尺寸。

（3）当零件加工批量较小时，尽量采用组合夹具、可调夹具及其他通用夹具。

（4）当生产批量较大时，采用专用夹具，但应力求结构简单。

（5）夹具的定位、夹紧元件和机构不能影响刀具在加工中的移动。

（6）装卸零件要方便可靠，准备时间短。有条件时，批量较大的零件应采用气动或液压夹具和多工位夹具。

（三）数控刀具的选择

数控机床具有高速、高效的特点。一般数控机床，主轴转速要比普通机床主轴转速高1～2倍，且主轴功率也大。因此，数控机床的刀具要求比普通机床的刀具要求要严格得多。选用刀具应注意以下几点：

1. 在数控机床上铣平面，采用镶装不重磨可转位硬质合金刀片的铣刀。一般用两次走刀，一次粗铣、一次精铣。当连续切削时，粗铣刀直径要小一点，精铣刀直径要大一些，最好能包容待加工面的整个宽度。当加工余量大且不均匀时，刀具直径应选用小一些；否则，粗加工时会因接刀刀痕过深而影响加工质量。

2. 高速钢立铣刀多用于加工凸台和凹槽，一般不要用来加工毛坯面，因为毛坯面的硬化层和夹砂会使刀具磨损很快，而高速钢的耐热性较硬质合金差。

3. 切削余量较小，并且要求表面粗糙度低时应采用镶立方氮化硼刀片的端铣刀或镶陶瓷片的端铣刀。

4. 硬质合金的立铣刀可用于加工凹槽、窗口面、凸台面和毛坯表面。

5. 硬质合金的玉米型铣刀可用于强力切削、铣削毛坯表面和孔的粗加工。

6. 加工精度要求较高的凹槽时，可以采用直径比槽宽小一些的立铣刀。先铣槽的中间部分，然后利用刀具半径的补偿功能铣削槽的两边，直到达到精度要求为止。

7. 在数控机床上的钻孔一般不采用钻模。当钻深度与直径比大于5倍的深孔时，容易折断钻头。可采用固定循环程序，多次自动进退刀，以利于冷却和排屑。钻孔前最好先用中心钻钻一中心孔，或用一个刚性好的短钻头锪沉孔。锪沉孔除了有引正作用外，还可以进行孔口倒角。

（四）切削用量的选择

切削用量包括切削速度、切削深度和进给量。

数控加工中切削用量的确定要根据机床说明书中规定的允许值，再按刀具耐用度允许的切削用量复核；也可按照切削原理中的方法计算，并结合实践经验确定。

自动换刀数控机床在主轴或刀库上装刀所费时间较多，所以选择切削用量时要保证刀具加工完一个零件，或保证刀具耐用度不低于一个工作日，最少不低于半个工作日。对易损刀具可多配备几把刀具，以保证加工的连续性。

如精铣时可取进给量为 $20 \sim 25\,mm/min$，精车时可取 $0.10 \sim 0.20\,mm/r$，最大进给量受机床刚度和进给系统性能的限制。

当选择进给量时，还应注意零件加工中的某些特殊因素。例如，在轮廓加工中选择进给量，应考虑轮廓拐角处的"超程"问题。特别是在拐角角度较大、进给速度较高时，应在接近拐角处适当降低进给速度，在拐角后逐渐升速，以保证加工精度。

在加工过程中，由于切削力的作用，工艺系统产生的变形可能使刀具运动滞后，从而在拐角处可能产生"欠程"，这一问题在编程中应给予足够重视。此外，还应充分考虑切削过程的自然断屑问题，通过选择刀具几何形状和对切削用量的调整，使排屑处于最顺畅的状态，严格避免长屑。

（五）对刀点与换刀点的确定

对刀点是指在数控机床上加工零件时，刀具相对零件做切削运动的起始点。对刀点应选择在对刀方便、编程简单的地方。

对于采用增量编程坐标系统的数控机床，对刀点可选在零件孔的中心上、夹具上的专用对刀孔上或两垂直平面（定位基面）的交线（即工件零点）上，但所选的对刀点必须与零件定位基准有一定的坐标尺寸关系，这样才能确定机床坐标系与工件坐标系的关系。

对于采用绝对编程系统的数控机床，对刀点可选在机床坐标系的机床零点上或距机床零点有确定坐标尺寸的点上。这是因为数控装置可用指令控制自动返回参考点（即机床零点），不需人工对刀。但当安装零件时，工件坐标系与机床坐标系必须要有确定的尺寸关系。

对刀时，应使刀具刀位点与对刀点重合。所谓刀位点，对于立铣刀是指刀具轴线与刀具底面的交点，对于球头铣刀是指球头铣刀的球心，对于车刀或镗刀是指刀尖。

数控车床、数控镗铣床或加工中心在加工时常须进行换刀，故编程时还要设置一个换刀点，换刀点应设在工件的外部，以避免换刀时碰伤工件。一般换刀点选择在第一个程序的起始点或机床零点上。

对具有机床零点的数控机床，当采用绝对坐标系编程时，第一个程序段就是设定对刀点的坐标值，以规定对刀点在机床坐标系的位置。当采用增量坐标系编程时，第一个程序段则是设定对刀点到工件坐标系原点（工件零点）的距离，以确定对刀点与工件坐标系间的相对位置关系。

（六）测量方法的确定

由于工作条件和测量要求的不同，在数控机床上有不同的测量方式。

1. 增量式测量和绝对式测量

增量式测量的特点是只测量位移增量，如果单位为 0.01mm，则每移动 0.01mm 就发出一个测量信号。其特点是测量装置比较简单，任何一个对中点都可作为测量起点，在轮廓控制数控机床上都采用这种测量方式，典型的测量元件如感应同步器、光栅等。

在增量式测量系统中，移距是靠对测量信号计数读出的，一旦计数有误，此后的测量结果就会出错。如发生某种故障（如断电、断刀等），在事故排除后，不能重新找到事故前的正确位置，这就是增量测量方式的缺点。

绝对式测量方式从原则上讲可以避免上述缺点，它的被测量的任一点的位置都由一个固定的零点算起，每一个被测点都有一个相应的测量值，典型的如数码盘，对应码盘的每一个角位有一组二进位数。显然分辨率要求愈高，所需的二进位数也愈多，数码盘的结构也愈复杂。

2. 数字式测量和模拟式测量

数字式测量是将被测量用测量单位量化后以数字形式表示。以直线测量为例，只要测量单位足够小（如 0.01mm 或更小），就可以将被测距离比较准确地数量化。测量信号一般是电脉冲，可以把它直接送入数控装置进行比较处理。其典型的测量装置如光栅位移测量装置。

（1）数字式测量的特点

①被测量量化后转换成脉冲个数，便于显示和处理。

②测量精度取决于测量单位，与量程基本无关（当然也有累积误差问题）。

③测量装置比较简单，脉冲信号抗干扰能力较强。

模拟式测量是将被测量用连续的变量来表示，如用相位变化、电压变化来表示。在大量程内做精确的模拟测量在技术上有比较高的要求，在数控机床上模拟式测量主要用于小量程的测量，如感应同步器的一个线距内信号相应变化等。

（2）模拟式测量的特点

①直接测量被测量，无须量化。

②在小量程内可以实现高精度测量。

3. 直接测量和间接测量

直接测量装置上常用光栅、感应同步器等直接来测量工作台的直线位移，其优点是直接反映工作台的直线位移，缺点是测量装置必须与机床的行程等长，这对于大型数控机床来说是一个很大的限制。

间接测量是通过和工作台直线运动相关联的回转运动间接地测量工作台的直线位移，回转测量装置有旋转变压器等。间接测量的优点是使用可靠方便，无长度限制，缺点是测量信号加入了直线运动转变为回转运动的传动链误差，从而影响了测量精度。

第四节 数控车削编程

一、数控车削编程概述

数控车削编程就是根据加工零件的图纸和工艺要求，用数控语言描述出来，编制成零件的加工程序，然后利用数控车床完成加工过程。

（一）机床坐标轴及其运动方向的定义

按照 ISO 标准，数控车床对系统可控制的两个坐标轴定义为 X、Z 轴，两个坐标轴相互垂直构成 XZ 平面直角坐标系。

X 坐标轴：X 坐标轴定义为与主轴旋转中心线相垂直的坐标轴，X 轴正方向为刀具离开主轴旋转中心的方向。

Z 坐标轴：Z 坐标轴定义为与主轴旋转中心线重合的坐标轴，Z 轴正方向为刀具远离主轴箱的方向。

（二）机床原点

机床原点为机床上位置固定的一点，通常数控车床的机床原点设置在 X 轴和 Z 轴的正方向大行程处，并安装相应的机床原点开关和撞块，如果机床上没有安装机床原点开关和撞块，一般不能使用机床原点功能。

（三）编程坐标

数控车床编程可采用绝对坐标（X、Z 字段）、相对坐标（U、W 字段）或混合坐标（X/W、Z/U 字段）进行编程。对于 X 轴，数控车床既可使用直径编程（所有 X 轴方向的尺寸和参数均用直径量表示），也可使用半径编程（所有 X 轴方向的尺寸和参数均用半径量表示），一般均用直径编程。

1. 绝对坐标值

绝对坐标值是距坐标系原点的距离，也是刀具移动终点的坐标位置。

2. 增量坐标值

增量坐标值是后一个位置相对前一个位置的距离，即刀具实际移动的距离。

3. 混合坐标值

根据编程中的计算方法以及编程者的习惯，系统允许绝对坐标和增量坐标混合使用。

（四）工件坐标系

工件坐标系就是以工件上某一点作为坐标原点建立的坐标系。工件坐标系的坐标轴，分别与机床的 X、Z 轴平行且方向相同。

工件坐标系一旦建立，以后编程的所有绝对坐标值都是在工件坐标系中的坐标值。一般情况下，工件坐标系的 Z 轴设定在工件的旋转中心上。

编程时根据实际情况，可选定工件上的某点作为工件坐标系原点，也就是工件图纸上的编程原点，工件坐标系原点由 G50 指令编程确定，因此工件坐标系是浮动的坐标系。

（五）参考点

参考点即是加工开始之前刀具停留的位置。为使数控机床加工出合格的工件，必须在程序开始运行之前使刀具在工件坐标系中的实际位置与编程时所确定的刀具位置一致。

参考点一旦确定，在手动与自动运行方式中，都可以使用回参考点功能使刀具回到加工起点，即使断电，参考点仍然记忆有效。但如果使用步进电机，则可能会因为步进电机重新上电产生微小误差。

在数控系统第一次通电后没有运行过任何程序的情况下，参考点自动设置为零。

二、数控车削程序结构

为使数控机床能按要求运动而编写的数控指令集合称为数控程序。数控系统按数控程序的指令顺序使刀具沿直线、圆弧运动或使主轴启动停止、冷却液开关等，程序中的指令顺序按照工件工艺要求的顺序编制。

（一）字符

字符是构成程序的最基本的元素。数控系统字符包括英文字母、数字和一些符号。

1. 英文字母是每一个指令或数据的地址符

例如，D、E、F、G、I、K、L、M、N、P、R、S、T、U、W、X、Y、Z。

2. 数字是每个地址符的具体数据

例如，0、1、2、3、4、5、6、7、8、9。

3. 符号

如 %、—、. 。

% 仅作为程序号开始符。

—：表示负的数据。

.：表示小数点。

（二）字段

一个字段是由一个地址符和其后所带的数字构成的，如 N100X12.8W-23.45 等。

1. 每一个字段必须有一个地址符（英文字母）和数字符串。

2. 数字字符串的无效 0 可以省去。

3. 指令前导 0，可以省去。如 G01 可以写成 G1。

4. 数字的正号可以省略，但负号不能省略。

（三）顺序号

顺序号是由字符 N 后面带四位整数构成的，编辑时由系统自动产生，但可以修改，范围为 0000 ～ 9999。

（四）程序段

一个程序段由顺序号和若干字段组成，每个程序段最多可包含 255 个字符（包括字段之间的空格）。程序段的顺序号是必需的，由系统自动产生，但可以在编辑状态下修改。

注意：

1. 程序段中每个字段之间都由空格分开，输入时系统会自动产生，但在编辑过程中无法区分时必须由操作者输入，以保证程序的完整性。

2. 字段在程序段中的位置可以任意放置。

（五）程序的构成

把实现加工过程中的一个或几个工艺动作的指令排列起来构成一个程序段，再按加工工艺顺序排列的多个程序段就构成了一个加工程序。为识别各程序段所加的编号称之为顺序号（也可称之为行号），为识别各个不同的程序而加的编号称之为程序号（或文件号）。

每个加工程序由一个程序号和若干个程序段组成，每个程序最大有 9999 个程序段，程序段号由字母 N 带四位整数构成，程序号由 % 带两位整数构成。

三、常用指令代码及功能

（一）G 代码指令及其功能

G 代码指令功能定义了机床的运动方式，由字符 G 及其后边的两位数字组成。

（二）M、S、T、F 代码指令及其功能

1.M 代码指令的功能

M 代码指令功能主要是用来控制机床某些动作的开和关以及加工程序的运行顺序，M 代码指令功能由地址符 M 后跟两位整数组成。

下边将着重强调一下程序转移以及子程序的调用问题：

（1）M97——程序转移

指令格式：M97P。

其中，P 为转移到的程序段号。

M97 指令使程序从本程序段转移到 P 所指定的程序段继续执行，P 所指定的程序段号应该在本程序段内存在，当使用 M97 指令时应该注意不要形成死循环。

（2）M98、M99——子程序的调用及子程序返回

指令格式：M98PL；

······

M99。

其中，P 为子程序所在的程序段号。

在子程序调用中，可形成三级嵌套，但子程序不能自身调用。子程序一般放在主程序之后，而且子程序的最后一段必须是子程序的返回指令，即 M99，执行 M99 之后，程序又返回到主程序中调用子程序段的下一段程序继续执行。例如：

N0050 Go X100.   ；

N0060 M98 Po110   ；调用子程序

N0070 Go1 X80. Z30.F100.   ；

N0080 M3S500.　　　　　　　　　　;

N0090 M98 Po110　　　　　　　　　;调用子程序

N0100 G0 U—10.　　　　　　　　　;子程序

N0120 G1 w—100.　　　　　　　　;

N0130 M99　　　　　　　　　　　;子程序返回

N0140 M02　　　　　　　　　　　;

执行 N0060 之后，执行 N0100～N0130。

在 N0130 段执行返回主程序指令时转向执行 N0070。

在 N0090 段又执行调用子程序命令，再次执行 N0100～N0130 子程序。子程序返回后到 N0100 段执行转移指令，并转移到 N0140，程序结束。

2.S 代码指令功能——主轴功能

指令格式：S。

通过地址符 S 和其后的数据把代码信号送给机床，用于控制机床主轴的速度。地址符 S 后的数字表示主轴转速。

3.T 代码功能——刀具功能

指令格式：Tab。

其中，a 为需要的刀具号，对应四工位电动刀架上的四把刀或刀库上的刀具编号，当 a 为 0 时，表示不换刀而只是进行刀具补偿；b 为刀具补偿的数字编号（刀补号或刀偏号），当 b 为 0 时，表示撤销刀具补偿。

一般情况下，刀补号只能用于与该补号相同的刀具号，如 T11、T22、T33、T44、T55，以保证换刀补偿的正确。在某些特殊情况下，可以使用与刀具号不同的刀补号，如进行特殊的补偿或仅对一把刀进行微调等。

在有刀具补偿的情况下，回程序起点或执行 G26、G27、G29 指令时均撤销刀具补偿。

4.F 代码功能——进给速度功能

指令格式：F。

F 指令是决定刀具切削进给速度的功能，用 F 后边跟 4 位整数来表示，范围为 0000～9999，单位为 mm/min。F 值是模态值，一旦指定 F 值，如果不改变可以不重写。刀具的实际移动速度受 F 值与进给倍率的控制，即：

刀具实际切削速度 =F× 进给倍率

对于习惯使用每转进给速度的使用者，可以根据以下的公式计算 F 值：

F= 每转进给量（mm/r）× 主轴转速（r/min）

或

每转进给量（mm/r）=F（mm/min）/ 主轴转速（r/min）

四、数控车削手工编程

数控车削加工包括端面车削加工、外圆柱面车削（镗孔）加工、钻孔加工、攻螺纹加工以及复杂外形轮廓回转面的车削加工。这些加工一般在数控车床和车削加工中心上进行，其中具有复杂曲线轮廓外形回转面的车削加工一般要采用计算机辅助数控编程，而其他车削加工可以采用手工编程。下面将通过实例介绍数控车削加工手工编程的方法：

（一）数控车削加工中的基本工艺问题

1. 工件坐标系的确定及程序原点的设置

工件坐标系采用与机床运动坐标系一致的坐标方向，工件坐标系的原点（即程序原点）要选择便于测量或对刀的基准位置，同时也要便于编程和计算。

2. 进刀 / 退刀方式

对于车削加工，进刀时采用快速走刀接近工件切削起始点附近的某个点，再改用切削进给，以减少空走刀的时间，提高加工效率。切削进给起始点的确定与工件的毛坯余量大小有关，以刀具快速走到该点时，刀尖不与工件发生碰撞为原则。

3. 刀尖半径补偿

在数控车削编程中为了编程方便，把刀尖看成是一个尖点，在数控程序中刀具的运动轨迹即为该假想尖点的运动轨迹。实际上刀尖并不是尖的，而是具有一定的圆角半径，因而编程时假想的情况与实际情况不相符。考虑刀尖圆角半径的影响，在数控系统中引入了刀尖半径补偿，在数控程序编写完成后，将已知刀尖半径值输入刀具补偿表中，程序运行时数控系统会自动根据对应刀尖半径值对刀具的实际运动轨迹进行补偿。数控加工中一般都使用右转位刀片，每种刀片的刀尖圆角半径是一定的，选定了刀片的型号，对应刀片的刀尖圆角半径值即可确定。

4. 直径编程和半径编程

在数控车削加工中，X 坐标值有两种方法，即直径编程和半径编程。

（1）直径编程

程序中 X 轴的坐标值即为零件图上的直径值。

（2）半径编程

程序中 X 轴的坐标值即为零件图上的半径值。

数控系统缺省的编程方式为直径编程，这是由于直径编程与图样中的尺寸标注一致，可以避免尺寸换算及换算过程中可能造成的错误，因而给编程带来很大的方便。

（二）一般编程规则

1. 多指令共存

多指令共存是指在同一程序段内允许多个指令同时存在，但不是任何一个指令都能共存。

（1）只能单独一段的指令有 G22、G80、G71、G72、G90、M98、M99 等。

（2）同一程序段中只有 G04（延时）指令可以与其他 G 代码同时存在，而其他 G 代码不能在同一程序段中同时出现。

（3）多指令共段后，执行时的顺序如下：

a. S、F 功能。

b. T 功能。

c. M 功能中的 M03、M04、M08。

d. 延时指令 G04。

e. G 功能。

f. M 功能中的 M05、M09。

g. 其他 M 功能，M00、M02、M30。

（4）有些指令有互相矛盾的动作或相同的数据，在执行中将无法判断。

为避免此类情况出现，将不能共段的指令分成若干组。同一组中的指令在同一程序段内只能出现一次，不同组的指令才能在同一段内出现。组划分如下：

1 组：G04 以外的全部 G 代码。

2 组：G04。

3 组：M00、M02、M30、M97、M98、M99。

4 组：M03、M04、M05。

5 组：M08、M09。

2. 指令的模态和初态

模态指令是指指令不仅在设定的程序段内起作用，而且在后续的程序段内也起作用，直到被其他适当的指令取代。利用指令的模态特性，可以不必烦琐地编写相同指令，使程序简洁，从而节省了系统内存，提高了编程效率。

（1）具有模态特性的指令有 G00、G01、G02、G03、G33、G90、G92、G94、G74、G75、T 指令，S 指令，F 指令。

（2）初态是指系统通电时进入加工程序的状态。一般系统初态是 G00、M05、M09。

（3）不具备模态特性的指令有 G04、G26、G27、G71、G72、M00 等。不具备模态特性的指令只在本程序段起作用，每次使用都必须定义。

3. 其他规则

（1）程序段内不允许有重复指令。

（2）程序段内必需的数据不能省略。

（3）程序段内不能有和指令无关的数据。

（4）指令中第一位数为零时可以省略。

（三）实际应用

当实际编写数控车削程序时，应根据具体零件的结构特点确定工件原点。分析并确定其加工顺序，进行必要的计算，选择好相应的刀具，并对每把刀具进行编号，然后按数控指令的格式要求编写数控程序。

第五节　数控铣削编程

一、数控铣削编程简介

（一）数控铣床的坐标轴定义

数控铣床使用 X 轴、Y 轴、Z 轴和 C 轴（或 A 轴）组成的直角坐标系进行定位和插补运动，其中 X 轴为铣床工作台水平面的左右方向，Y 轴为铣床工作台水平面的前后方向，Z 轴为铣床的铣刀（或工作台）升降轴，C 轴（或 A 轴）为附加轴（第四轴），向工件靠近的方向为负方向，离开工件的方向为正方向。

（二）机床原点

机床原点安装在 X、Y、Z 轴正方向的最大行程处。

（三）程序原点

开始执行加工程序的位置被定义为程序原点，亦称刀具起点或者加工原点。

（四）工件坐标系

工件坐标系作为编程的坐标系，要求加工程序的第一段用 G90 指令绝对坐标编程，即对 X、Y 和 Z 轴进行定位。加工程序中可使用 G92 指令定义浮动坐标系，为了方便编程，程序中可以多次使用 G92 定义新的坐标系。执行 G27（回机床原点并进行失步测试）、G28（经指定点返回程序原点）、M20、M30 后系统将坐标系切换回工件坐标系。

G54～G59 坐标系在基准工件坐标系中的位置，可通过修改参数改变第一至第六工件坐标系在基准工件坐标系中的位置，也可在手动方式下设置当前坐标系的坐标。

可用手动方式的"命令"操作来切换当前坐标系，也可在程序中用 G54～G59 指令选择工件坐标系，执行 G27、G28、M02、M30 或回零操作后，系统将切换到基准工件坐标系。

在加工程序中用 G54～G59 指令选择工件坐标系，G54～G59 指令可与插补或快速定位 G0 指令处于同一程序段并被最先执行。定义了坐标系之后，可用绝对坐标值（G90 状态）或增量坐标值（G91 状态）进行编程。

（五）坐标系的单位及范围

本系统使用直角坐标系，最小单位为 0.01mm，编程的最大范围是 ±99999.99mm。其中：

X 轴：值 0.01，对应实际位移为 0.01mm；

Y 轴：值 0.01，对应实际位移为 0.01mm；

Z 轴：值 0.01，对应实际位移为 0.01mm；

C 轴（或 A 轴）：值 0.01，对应实际位移视数控系统设置而定。

（六）编程格式

工件加工程序是由若干个加工程序段组成的，每个程序段又由若干个字段组成，文字符开头后跟一个数值。程序段以字段 N 开头（程序段号），然后是其他字段，最后以回车（Enter）结尾。加工程序段用于定义主轴转速 S 功能、刀具功能（H 表示刀长补偿，D 表示刀具半径补偿）、辅助功能（M 功能）和快速定位功能／切削进给的准备功能（G 功能）等。例如：

N10 G0X50.Y100.Z20.	；快速定位
N20G91G0X-30.Z-5.	；相对编程，快速定位
N30G1Z-50.F40.	；直线插补（直线切削）
N40G17G2X-10.Y-5.R10.	；圆弧插补
N50G0Y60.Z60.	；快速定位
N60 G28 X0.M2	；回加工起点，程序结束

其中，N30G1Z-50.F40. 等称为字段。字段开头的字符表示字段的意义，后边的数值为字段的取值。为了表达取值的范围，字段 N 取值范围为 4 位整数（0000 ~ 9999），而X 的取值范围为 -99999.99 ~ 99999.99，即最多 5 位整数位和最多两位小数位。

（七）快速定位的路径

快速定位的路径如下：

当 Z 方向是向正方向（铣刀升高离开工件）移动时：先 Z 轴，再 X 轴、Y 轴，最后是第四轴定位。

当 Z 方向是向负方向移动时：先 X 轴、Y 轴，再第四轴，最后 Z 轴定位。当 Z 轴无定位时：先 X 轴，再 Y 轴，最后第四轴定位。

（八）系统的初态

系统的初态是指运行加工程序之前的编程状态。系统的初态如下；

G90——使用绝对坐标编程；

G17——选择 XY 平面进行圆弧插补；

G40——取消刀具半径补偿；

G49——取消刀具长度补偿；

G80——无固定循环的模态数据；

G94——每分钟进给速度状态；

G98——固定循环返回起始面。

（九）系统的模态

模态是指相应字段的值一经设置，以后一直有效，直至某程序段又对该字段重新设置。模态的另一意义是设置之后，以后的程序段中若使用相同的功能，可以不必再输入该字段。

模态 G 功能：G0 快速定位。

快速定位速率：系统参数设置。

切削进给速率：系统参数设置。

当前的状态：系统坐标为当前的坐标，为上次执行加工程序之后或手动方式之后的坐标；主轴状态为当前的状态。

（十）加工程序的开始和结束

开始执行加工程序时，系统（刀尖的位置）应处于可以进行换刀的位置。加工程序的第一段建议用 G90 定位到进行加工的绝对坐标位置。

程序的最后一段一般以 M2（停主轴，关水泵，程序结束）、M30（程序结束，从程序开头再执行）来结束加工程序的运行。执行这些结束程序功能之前最好使系统回到程序原点，一般用 G28 执行回程序原点的功能。加工程序结束后系统坐标将返回到工件坐标系，并消除了刀具偏置。

（十一）子程序

子程序是包含在主体程序中的、由若干个加工程序段组成的一个子程序。子程序由起始的程序段号标识，使用 M98 进行子程序的调用，子程序最后一个程序段必须包含 M99 指令。子程序一般编排在 M2 或 M30 指令之后。

例如：使用 M98 进行子程序的调用，其程序如下：

N40P1000 L10 M98　　　　　　　；调用子程序 1000 共 10 次

……

N1000G1X-6.　　　　　　　　　；子程序开头

N1010X-30.Z-30.　　　　　　　；

N1020Z-20.　　　　　　　　　　；

N1030X-10，Z-30.　　　　　　　；

N1040G0X45.Z80.M99　　　　　　；子程序结束

（十二）R 基准面

R 基准面位于 XY 平面的某一高度，是高于工件表面一定距离（但不是离得很远）的平面，进行固定循环（钻孔、槽粗铣）加工时，以便于 Z 轴提刀。在 R 基准面上可进行 X、Y 轴方向的快速定位等操作。R 基准面由加工程序使用 R 字段定义。

二、常用指令代码及功能

（一）G代码功能

以下这些G代码功能定义系统的编程状态都是模态，即一经定义从本程序段开始以后一直有效，除非重新改变编程状态。以下这些定义编程状态的G代码功能可与其他G代码功能同时出现在同一程序段中。

G17——初态，选择XY平面。

G18——选择ZX平面。

G19——选择YZ平面。

G40——动态，取消刀具半径补偿。

G43——刀具长度+补偿。

G44——刀具长度-补偿。

G49——初态，取消刀具长度补偿。

G54——选择第一工件坐标系。

G55——选择第二工件坐标系。

G56——选择第三工件坐标系。

G57——选择第四工件坐标系。

G58——选择第五工件坐标系。

G59——选择第六工件坐标系。

G80——初态，取消固定循环的模态数据（同时启用G98）。

G90——初态，使用绝对坐标编程，X、Y、Z字段值表示绝对坐标位置。

G91——使用增量坐标编程，X、Y、Z字段值表示相对坐标位置（相对于当前程序段起始位置的增量）。

G94——初态，设置每分钟进给速度状态，F字段设置的切削进给速度的单位是mm/min。

G95——设置每转进给速度状态，F字段设置的切削进给速度的单位是mm/r，使用G95每转进给功能必须安装主轴脉冲编码器。

G98——初态，固定循环返回起始面。

G99——固定循环返回R基准面。

（二）S、T、M、D、H、F功能

1.S 功能

S功能即程序段中的S字段，用于控制主轴转速。

2.T 功能

T功能用于控制刀库换刀的刀具编号，数控系统一般用两位数字表示要使用的刀具编号。

3.M 功能

M00——程序停止，完成程序段其他指令后，主轴停止运转、关冷却液，指向下一程序段，并停止做进一步的处理，等待按RUN（运行）键，才继续运行下一程序段。

M02——程序结束，停止运行。主轴停止运转，关冷却液，消除G93坐标偏置和刀具偏置返回到起始程序段（不运行）。在执行M02后，系统将切换到基准工件坐标系。

M03——主轴正转。

M00——主轴反转。

M05——主轴停止转动。

M06——控制换刀。

M08——开冷却泵。

M09——关冷却泵。

M30——程序结束，消除刀具偏置，返回起始程序段（不运行）。执行M30后，系统将切换到基准工件坐标系。

M98——调用子程序。

格式为N_P_L_M98，

其中，P为子程序的起始段号，L为调用次数（省略为一次）。

M99——子程序结束返回。

注意：

（1）M00、M02、M30、M31、M99在G功能执行之后才执行；

（2）M98为单独的格式，即不能同时有G90、G91以外的G功能；

（3）其他的M功能在一个程序段内都是最先执行的，即在G功能之前执行。

4.D、H 功能

D功能——程序段中使用D字段定义刀具半径编号，用于刀具半径补偿。结合G41或

G42 进行刀具半径补偿。

H 功能——程序段中使用 H 字段定义刀具长度编号，用于刀具长度补偿。结合 G43 或 G44 进行刀具长度补偿。

5.F 功能

程序段使用 F 字段设定切削进给速度，F 指令属模态指令，一旦发出，会一直有效，直至下次重新设置。

F：0.01 3000.00 mm/min

实际切削进给速度可由切削进给速度的百分比（即进给倍率）对 F 指定的切削进给速度进行调整，调整范围是 0%，10%，20%，…，140%，150%，由功能键"↑个速率 Feed%"和"↓"进行调整，系统运行过程中 Feed% 实时可调。

三、镗铣削加工中常见的工艺问题

数控镗铣削前加工包括平面的铣削加工、二维轮廓的铣削加工、平面型腔的铣削加工、钻孔加工、镗孔加工、箱体类零件的加工以及三维复杂型面的铣削加工。这些加工一般在数控镗铣床和镗铣加工中心上进行，其中具有复杂曲线轮廓的外形铣削、复杂型腔铣削和三维复杂型面的铣削加工必须采用计算机辅助数控编程，而其他加工可以采用手工编程，也可以采用图形编程和计算机辅助数控编程。

数控镗铣削加工中常见的工艺问题主要有以下几个方面：

（一）工件坐标系的确定及程序原点的设定

工件坐标系采用与机床运动坐标系一致的坐标方向，工件坐标系的原点（即程序原点）要选择便于测量或对刀的基准位置，同时要便于编程计算。

（二）安全高度的确定

对于铣削加工，起刀点和退刀点必须离开加工零件上表面一个安全高度，保证刀具在停止状态时，不与加工零件和夹具发生碰撞。在安全高度位置时刀具中心（或刀尖）所在的平面称为安全面。

（三）进刀 / 退刀方式的确定

对于铣削加工，刀具切入工件的方式不仅影响加工质量，同时直接关系到加工的安全。对于二维轮廓加工，一般要求从侧向进刀或沿切线方向进刀，尽量避免垂直进刀。退刀方式也应从侧向或切向退刀。当刀具从安全面高度下降到切削高度时，应离开工件边缘一个距离，不能直接贴着加工零件理论轮廓直接下刀，以免发生危险。

对于型腔的粗铣加工，一般应先钻一个工艺孔到型腔底面（留一定精加工余量），并扩孔，以便所使用的立铣刀能从工艺孔进刀，进行型腔粗加工。型腔粗加工方式一般采用从中心向四周扩展。

（四）刀具半径补偿的建立

二维轮廓加工一般均用刀具半径补偿。在建立刀具半径补偿之前，刀具应远离零件轮廓适当的距离，且应与选定好的切入点和进刀方式协调，以保证刀具半径补偿有效。刀具半径补偿的建立和取消必须在直线插补段内完成。

（五）刀具半径的确定

对于铣削加工，精加工刀具半径选择的主要依据是零件加工轮廓和加工轮廓凹处的最小半径或圆弧半径，刀具半径应小于该最小曲率半径值。另外还要考虑刀具尺寸与零件尺寸的协调问题，即不要用一把很大的刀具加工一个很小的零件。

第四章
金属切削加工方法

第一节　车削

车削加工（简称车削）是在车床上用车刀加工工件的工艺过程。车削加工时，工件的旋转是主运动，刀具做直线进给运动，因此，车削加工适用于加工各种回转体表面。车削加工在机械制造业中占有重要地位。用于传动的回转体零件大多需要进行车削加工，因此大多数机械制造厂中车床的数量是最多的。

一、车床类型

在所有的机床种类里，车床的类型最多。按用途和结构不同，可以分为普通卧式车床、立式车床、转塔和回转车床、自动车床、多刀半自动车床、仿形车床、专门化车床以及数控车床等。

（一）普通卧式车床

加工对象广，主轴转速和进给量的调整范围大，能加工工件的内外表面、端面和内外螺纹。这种车床主要由工人手工操作，生产效率低，适用于单件、小批量生产和修配车间。

（二）立式车床

主轴垂直于水平面，工件装夹在水平的回转工作台上，刀架在横梁或立柱上移动。适用于加工较大、较重、难于在普通车床上安装的工件，分单柱和双柱两大类。

（三）转塔和回转车床

具有能装多把刀具的转塔刀架或回轮刀架，能在工件的一次装夹中由工人依次使用不同刀具完成多种工序，适用于成批生产。

（四）自动车床

按一定程序自动完成中小型工件的多工序加工，能自动上下料，重复加工一批同样的工件，适用于大批、大量生产。

（五）多刀半自动车床

有单轴、多轴、卧式和立式之分。单轴卧式的布局形式与普通车床相似，但两组刀架分别装在主轴的前后或上下，用于加工盘、环和轴类工件，其生产率比普通车床高3～5倍。

（六）仿形车床

能仿照样板或样件的形状尺寸，自动完成工件的加工循环，适用于形状较复杂的工件的成批生产，生产率比普通车床高10～15倍。有多刀架、多轴、卡盘式、立式等类型。

（七）专门化车床

加工某类工件的特定表面的车床，如曲轴车床、凸轮轴车床、车轮车床、车轴车床、轧辊车床和钢锭车床等。

（八）数控车床

数控车床是目前使用较为广泛的数控机床之一。它主要用于轴类零件或盘类零件的内外圆柱面、任意锥角的内外圆锥面、复杂回转内外曲面和圆柱、圆锥螺纹等切削加工，并能进行切槽、钻孔、扩孔、铰孔及镗孔等操作。

数控机床是按照事先编制好的加工程序，自动对被加工零件进行加工。我们把零件的加工工艺路线、工艺参数，刀具的运动轨迹、位移量、切削参数以及辅助功能，按照数控机床规定的指令代码及程序格式编写成加工程序单，再把这程序单中的内容记录在控制介质上，然后输入数控机床的数控装置中，从而指挥机床加工零件。

上述车床中普通卧式车床应用最广。

二、普通卧式车床组成与特点

（一）普通卧式车床的组成及功能

普通卧式车床由床身、床头（主轴箱）、变速箱、进给箱、光杠、丝杠、溜板箱、刀架和尾架（尾座）等部分组成。当然还有电气、冷却系统等其他部分。

1．床身

车床的基础零件，用来支承和安装车床的各部件，保证其相对位置，如床头箱、进给箱、溜板箱等。床身具有足够的刚度和强度，床身表面精度很高，以保证各部件之间有正确的相对位置。床身上有四条平行的导轨，供大拖板（刀架）和尾架相对于床头箱进行正确的移动，为了保持床身表面精度，在操作车床中应注意维护保养。

2. 床头（主轴箱）

用以支承主轴并使之旋转。主轴为空心结构，其前端外锥面安装三爪卡盘等附件来夹持工件，前端内锥面用来安装顶尖，细长孔可穿入长棒料。

3. 变速箱

由电动机带动变速箱内的齿轮轴转动，通过改变变速箱内的齿轮搭配（啮合）位置，得到不同的转速。

4. 进给箱

又称走刀箱，内装进给运动的变速齿轮，可调整进给量和螺距，并将运动传至光杠或丝杠。

5. 光杠、丝杠

将进给箱的运动传给溜板箱。光杠用于一般车削的自动进给，不能用于车削螺纹；丝杠用于车削螺纹。

6. 溜板箱

又称拖板箱，与刀架相连，是车床进给运动的操纵箱。它可将光杠传来的旋转运动变为车刀的纵向或横向的直线进给运动；可将丝杠传来的旋转运动，通过"对开螺母"直接变为车刀的纵向移动，用以车削螺纹。

7. 刀架

用来夹持车刀并使其做纵向、横向或斜向进给运动。

8. 尾架（尾座）

安装在床身导轨上。在尾架的套筒内安装顶尖，用以支承工件；也可安装钻头、铰刀等刀具，在工件上进行孔加工；将尾架偏移，还可用来车削圆锥体。

（二）普通卧式车床的特点

1. 车床的床身、床脚、油盘等采用整体铸造结构，刚性高，抗震性好，适合高速切削。

2. 床头箱采用三支承结构，三支承均为圆锥滚子轴承，主轴调节方便，回转精度高，精度保持性好。

3. 进给箱设有米制和寸制螺纹转换机构，螺纹种类的选择转换方便可靠。

4. 溜板箱内设有锥形离合器安全装置，可防止自动走刀过载后的机件损坏。

5. 车床纵向设有四工位自动进给机械碰停装置，可通过调节碰停杆上轮的纵向位置，设定工件加工所需长度，实现零件的纵向定尺寸加工。

6. 尾座设有变速装置，可满足钻孔、铰孔的需要。

7. 车床润滑系统设计合理可靠，主轴箱、进给箱、溜板箱均采用体内润滑，并增设线泵、柱塞泵对特殊部位进行自动强制润滑。

三、车削加工的应用

车削加工应用十分广泛。因机器零件以回转体表面居多，故车床一般占机械加工车间机床总数的 50% 以上。车削加工可以在普通车床、立式车床、转塔车床、仿形车床、自动车床以及各种专用车床上进行。

普通车床应用最为广泛，它适宜于各种轴、盘及套类零件的单件和小批量生产。加工精度可达 IT7 ～ IT8，表面粗糙度 R_a 值为 0.8 ～ 1.6μm。在车床上可以使用不同的车刀或其他刀具加工各种回转表面，如内外圆柱面、内外圆锥面、螺纹、沟槽、端面和成形面等。车削常用来加工单一轴线的零件，如直轴和一般盘、套类零件等。若改变工件的安装位置或将车床适当改装，还可以加工多轴线的零件，如曲轴、偏心轮等或盘形凸轮。

转塔车床适宜于外形较为复杂而且多半具有内孔的中小型零件的成批生产。六角转塔车床，其与普通车床的不同之处是有一个可转动的六角刀架，代替了普通车床上的尾架。在六角刀架上可以装夹数量较多的刀具或刀排，根据预先的工艺规程，调整刀具的位置和行程距离，依次进行加工。六角刀架每转 60° 便更换一组刀具，而且可同时与横刀架的刀具一起对工件进行加工。此外，机床上有定程装置，可控制尺寸，节省了很多度量工件的时间。

半自动和自动车床多用于形状不太复杂的小型零件大批、大量生产，如螺钉螺母、管接头、轴套类等，其生产效率很高，但精度较低。

卧式车床或数控车床适应性较广，适用于单件小批生产的各种轴、盘、套等类零件加工。而立式车床多用于加工直径大而长度短（长径比 L/D ≈ 0.3 ～ 0.8）的重型零件。

四、车削加工的工艺特点

（一）适用范围广泛

车削是轴、盘、套等回转体零件不可缺少的加工工序。一般来说，车削加工可达到的精度为 IT7 ～ IT13，表面粗糙度 R_a 值为 0.8 ～ 50μm。

（二）容易保证零件加工表面的位置精度

车削加工时，一般短轴类或盘类工件用卡盘装夹，长轴类工件用前后顶尖装夹，套类工件用心轴装夹，而形状不规则的零件用卡盘、花盘装夹或花盘弯板装夹。在一次安装中，可依次加工工件各表面。由于车削各表面时均绕同一回转轴线旋转，故可较好地保证各加工表面间的同轴度、平行度和垂直度等位置精度要求。

（三）适宜有色金属零件的精加工

当有色金属零件的精度较高、表面粗糙度 R_a 值较小时，若采用磨削，易堵塞砂轮，加工较困难，难以得到较好的表面质量，故可由精车完成。若采用金刚石车刀，以很小的切削深度（$a_p < 0.15\text{mm}$）、进给量（$f < 0.1\text{mm/r}$）以及很高的切削速度（$v \approx 5\text{m/s}$）精车切削，可获得很高的尺寸精度（IT5 ～ IT6）和很小的表面粗糙度 R_a 值（$0.1 \sim 0.8\,\mu\text{m}$）。

（四）切削过程比较平稳，生产效率较高

车削时切削过程大多数是连续的，切削面积不变，切削力变化很小，切削过程比刨削和铣削平稳。因此可采用高速切削和强力切削，使生产率大幅度提高。

（五）刀具简单，生产成本较低

车刀是刀具中最简单的一种，制造、刃磨和安装均很方便。车床附件较多，可满足一般零件的装夹，生产准备时间较短。车削加工成本较低，既适宜单件、小批量生产，也适宜大批、大量生产。

第二节　钻削及镗削

内圆表面（即孔）不仅广泛用于各类零件上，而且孔径、深度、精度和表面粗糙度的要求差异很大。因此，除了车床可以加工孔外，还有两类主要用于孔加工的机床——钻床和镗床。

一、钻削加工

钻削加工（简称钻削，又称钻孔）是在钻床上用钻头在实体材料上加工孔的工艺过程，是孔加工的基本方法之一。

（一）钻床与钻削运动

常用的钻床有台式钻床、立式钻床及摇臂钻床。台式钻床是一种放在台桌上使用的小型钻床，它适用于单件、小批量生产以及对小型工件上直径较小的孔的加工（一般孔径小于13mm）；立式钻床是钻床中最常见的一种，它常用于中小型工件上较大直径孔的加工（一般孔径小于50mm）；摇臂钻床主要用于大、中型工件上孔的加工（一般孔径小于80mm）。

在钻床上钻孔时，刀具（钻头）的旋转为主运动，同时钻头沿工件的轴向移动为进给运动。钻削时，钻削速度为：

$$v = \frac{\pi D n}{1000 \times 60}$$

（公式4-1）

式中　D——钻头直径（mm）；

n——钻头或工件的转速（r/min）。

切削深度为$a_p = D/2$，进给量为钻头（或工件）每旋转一周，钻头沿其轴向移动的距离。

（二）钻削加工应用及工艺特点

在钻床上除钻孔外，还可进行扩孔、铰孔、锪孔和攻螺纹（攻丝）等工作。

在台式钻床和立式钻床上，工件通常采用平口钳装夹，对于圆柱形工件可采用V形铁装夹，有时采用压板、螺栓装夹；在成批大量生产中，则采用专用钻模夹具来钻孔，大型工件在摇臂钻床上一般不需要装夹，靠工件自重即可进行加工。

1. 钻孔

对于直径小于30mm的孔，一般用麻花钻在实心材料上直接钻出。若加工质量达不到要求，则可在钻孔后再进行扩孔、铰孔或镗孔等加工。

（1）钻头

钻头有扁钻、麻花钻、深孔钻等多种，其中以麻花钻应用最普遍。

麻花钻是由工作部分和夹持部分组成。柄部是钻头的夹持部分，用来传递钻孔时所需要的扭矩。钻柄有直柄和锥柄两种。直柄所能传递的扭矩较小，一般用于直径小于12mm的钻头；锥柄钻头的扁尾可增加所能传递的扭矩，用于直径大于12mm的钻头。钻头的工作部分包括切削部分和导向部分。导向部分是在钻孔时起引导作用，也是切削部分的后备部分。它有两条对称的螺旋槽，用来形成切削刃及前角，并起到排屑和输送切削液的作用。为了减少摩擦面积并保持钻孔的方向，在麻花钻工作部分的外螺旋面上做出两条窄的棱带

（又称为刃带），其外径略带倒锥，前大后小，每100mm的长度减小0.05～0.1mm。

麻花钻的切削部分有两条主切削刃、两条副切削刃和一条横刃。切屑流过的两个螺旋槽表面为前刀面，与工件切削表面（即孔底）相对的顶端两曲面为主后刀面，与工件已加工表面（即孔壁）相对的两条棱带为副后刀面。前刀面与主后刀面的交线为主切削刃，前刀面与副后刀面的交线为副切削刃，两个主后刀面的交线为横刃。对称的主切削刃和副切削刃可视为两把反向车刀。

（2）钻削的工艺特点

钻孔与车削外圆相比，工作条件要困难得多。因为切削时，刀具为定尺寸刀具，而钻头工作部分大都处于加工表面的包围之中，加上麻花钻的结构及几何角度的特点，引起钻头的刚度和强度较低、容屑和排屑较差、导向和冷却润滑困难等诸多问题。其特点可概括为以下几点：

第一，钻头容易引偏。由于横刃较长又有较大负前角，使钻头很难定心；钻头比较细长，且有两条宽而深的容屑槽，使钻头刚性很差；钻头只有两条很窄的螺旋棱带与孔壁接触，导向性也很差；由于横刃的存在，使钻孔时轴向抗力增大。因此，钻头在开始切削时就容易引偏，切入以后易产生弯曲变形，致使钻头偏离原轴线。钻头的引偏将使加工后的孔出现孔轴线的歪斜、孔径扩大和孔失圆等现象。在钻床上钻孔与在车床上钻孔，钻头偏斜对孔加工精度的影响是不同的。在钻床上当钻头引偏时，前者孔的轴线也发生偏斜，但孔径无显著变化，后者孔的轴线无明显偏斜，但引起孔径变化，常使孔出现锥形或腰鼓形等缺陷。因此，钻小孔或深孔时应尽可能在车床上进行，以减小孔轴线的偏斜。在实际生产中常采用以下措施来减小引偏：

①预钻锥形定心坑

即预先用小锋角（$2\phi=90\sim100°$）、大直径的麻花钻钻一个锥形坑，然后再用所需的钻头钻孔。

②钻套为钻头导向

这样可减少钻孔开始时的引偏，特别是在斜面上或曲面上钻孔时，更为必要。

③两条主切削刃磨得完全相等

使两个主切削刃的经向力相互抵消，从而减小钻头的引偏。否则钻出的孔径就要大于钻头直径。

第二，排屑困难。钻孔时，由于切屑较宽，容屑尺寸又受限制，因而在排屑过程中，往往与孔壁产生很大的摩擦和挤压，拉毛和刮伤已加工表面，从而大大降低孔壁质量。为了克服这一缺点，生产中常对麻花钻进行修磨。修磨横刃，使横刃变短，横刃的前角值增大，从而减少因横刃产生的不利影响；开磨分屑槽，在加工塑性材料时，能使较宽的切屑分成几条，以便顺利排屑。

第三，切削热不易传散。由于钻削是一种半封闭式的切削，切削时会产生大量的热量，而且大量的高温切屑不能及时排出，切削液又难以注入切削区，切屑、刀具与工件之间摩擦又很大，因此，切削温度较高，使刀具磨损加剧，从而限制了钻削的使用和生产效率的提高。

（3）钻孔的应用

钻孔是孔的一种粗加工方法。钻孔的尺寸精度可达 IT11 ～ IT12，表面粗糙度值 R_a 为 12.5 ～ 50 μm。使用钻模钻孔，其精度可达 IT10。钻孔既可用于单件、小批量生产，也适用于大批量生产。

2. 扩孔

扩孔是用扩孔钻在工件上已经钻出、铸出或锻出孔的基础上所做的进一步加工，以扩大孔径，提高孔的加工精度。

（1）扩孔钻及其特点

扩孔时的切削深度 a_p =（D-d）/2，比钻孔时的切削深度小得多。其直径规格为 10 ～ 80 mm。扩孔钻的结构及其切削情况与麻花钻相比，有如下特点：

第一，刚性较好。由于切削深度小，切屑少，容屑槽可做得浅而窄，使钻心部分比较粗壮，大大提高了刀体的刚度。

第二，导向性较好。由于容屑槽较窄，可在刀体上做出 3 ～ 4 个刀齿。每个刀齿周边上有一条螺旋棱带。棱带增多，导向作用也相应增强。

第三，切削条件较好。切削刃自外缘不必延续到中心，避免了横刃和由横刃引起的不良影响，改善了切削条件。由于切削深度小、切屑窄，因而易排屑，且不易创伤已加工表面。

第四，轴向抗力较小。由于没有横刃，轴向抗力小，可采用较大的进给量，提高生产率。

（2）扩孔的应用

由于上述原因，扩孔的加工质量比钻孔好，属于孔的一种半精加工。一般精度可达 IT9 ～ IT10，表面粗糙度 R_a 值为 3.2 ～ 6.3 μm。扩孔常作为铰孔前的预加工。当孔的精度要求不高时，扩孔亦可作为孔的终加工。

3. 铰孔

铰孔是在半精加工（扩孔和半精镗）基础上进行的一种精加工。铰孔精度在很大程度上取决于铰刀的结构和精度。

（1）铰刀及其特点

铰刀分为手铰刀和机铰刀两种。手铰刀刀刃锥角很小，工作部分较长，导向作用好，可防止铰孔时歪斜，尾部为直柄；机铰刀尾部为锥柄，锥角较大，靠安装铰刀的机床主轴导向，故工作部分较短。铰孔的切削条件和铰刀的结构比扩孔更为优越，有如下特点：

第一，刚性和导向性好。铰刀的刀刃多（6～12个），排屑槽很浅，刀心截面很大，故其刚性和导向性比扩孔钻好。

第二，可校准孔径和修光孔壁。铰刀本身的精度很好，而且具有修光部分。修光部分可以起到校正孔径、修光孔壁和导向的作用。

第三，加工质量高。铰孔的余量小（粗铰为 0.15～0.35mm，精铰为 0.05～0.15mm），切削速度低，切削力较小，所产生的热较少。因此，工件的受力变形较小。铰孔切削速度低，可避免积屑瘤的不利影响，使得铰孔质量较高。

（2）铰孔的应用

铰孔是应用较为普遍的孔的精加工方法之一。铰孔适用于加工精度要求较高、直径不大而又未淬火的孔。机铰的加工精度一般可达 IT7～IT8，表面粗糙度值 R_a 为 0.8～1.6μm；手铰精度可达 IT6，表面粗糙度值 R_a 为 0.2～0.4μm。

对于中等尺寸以下较精密的孔，在单件、小批量乃至大批、大量生产中，钻—扩—铰是常采用的典型工艺。而钻、扩、铰只能保证孔本身的精度，不能保证孔与孔之间的尺寸精度和位置精度，要解决这一问题，可以采用夹具（钻模）进行加工。

二、镗削加工

镗削加工简称镗削，又称镗孔，是利用镗刀对已钻出、铸出或锻出的孔进行加工的过程。对于直径较大的孔（一般80～100mm）、内成形面或孔内环形槽等，镗孔是唯一的加工方法。

（一）镗床与镗削运动

卧式镗床主要由床身、前立柱、主轴箱、主轴、平旋盘、工作台、后立柱和尾架等组成。使用卧式镗床加工时，刀具装在主轴、镗杆或平旋盘上，通过主轴箱可获得需要的各种转速和进给量，同时可随着主轴箱沿前立柱的导轨上下移动。工件安装在工作台上，工作台可随下滑座和上滑座做纵横向移动，还可绕上滑座的圆导轨回转至所需要的角度，以适应各种加工情况。

（二）镗刀

在镗床上常用的镗刀有单刃镗刀和多刃镗刀两种。

1. 单刃镗刀

它是把镗刀头垂直或倾斜安装在镗刀杆上。单刃镗刀适应性强，灵活性较大，可以校正原有孔的轴线歪斜或位置偏差，但其生产率较低，这种镗刀多用于单件、小批量生产。

2. 多刃镗刀

它是在刀体上安装两个以上的镗刀片（常用 4 个），以提高生产率。其中一种多刃镗刀为可调浮动镗刀片，这种刀片不是固定在镗刀杆上，而是插在镗杆的方槽中，可沿径向自由浮动，依靠两个刀刃上径向切削力的平衡自动定心，因此，可消除镗刀片在镗刀杆上的安装误差所引起的不良影响。浮动镗削不能校正原孔轴线的偏斜，主要用于大批量生产、精加工箱体类零件上直径较大的孔。

（三）卧式镗床的主要工作

1. 镗孔

镗床镗孔的方式，按其进给形式可分为主轴进给和工作台进给两种方式。

镗床上镗削箱体上同轴孔系、平行孔系和垂直孔系的方法通常有坐标法和镗模法两种。

2. 镗床其他工作

在镗床上不仅可以镗孔，还可以进行钻孔、扩孔、铰孔、铣平面、车外圆、车端面、切槽及车螺纹等工作。

（四）镗削的工艺特点及应用

第一，镗床是孔系加工主要设备。可以加工机座、箱体、支架等外形复杂的大型零件的孔径较大、精度较高的孔，这些孔在一般机床上加工很困难，但在镗床上加工却很容易，并可方便地保证孔与孔之间、孔与基准平面之间的位置精度和尺寸精度要求。

第二，加工范围广泛。镗床是一种万能性强、功能多的通用机床，既可加工单个孔，又可加工孔系；既可加工小直径的孔，又可加工大直径的孔；既可加工通孔，又可加工台阶孔及内环形槽。除此之外，还可进行部分铣削和车削工作。

第三，加工质量高。能获得较高的精度和较低的粗糙度。普通镗床镗孔的尺寸公差等级可达 IT7 ～ IT8，表面粗糙度 R_a 值可达 0.8 ～ 1.6μm。若采用金刚镗床（因采用金刚石镗刀而得名）或坐标镗床（一种精密镗床），可获得更高的精度和更低的表面粗糙度。

第四，生产率较低。机床和刀具调整复杂，操作技术要求较高，在单件、小批量生产中不使用镗模，生产率较低，在大批、大量生产中则须使用镗模，以提高生产率。

第三节　刨削及拉削

一、刨削加工

刨削加工是在刨床上用刨刀加工工件的工艺过程。刨削是平面加工的主要方法之一。

（一）刨床与刨削运动

刨削加工可在牛头刨床或龙门刨床上进行。

在牛头刨床上加工时，刨刀的纵向往复直线运动为主运动，工件随工作台做横向间歇进给运动。其最大的刨削长度一般不超过 1000 mm，因此，它适合加工中小型工件。

在龙门刨床上加工时，工件随工作台的往复直线运动为主运动，刀架沿横梁或立柱做间歇的进给运动。由于其刚性好，而且有 2～4 个刀架可同时工作，因此，它主要用来加工大型工件，或同时加工多个中小型工件。其加工精度和生产率均比牛头刨床高。

（二）刨床的主要工作

刨削主要用来加工平面（水平面、垂直面及斜面），也广泛用于加工沟槽（如直角槽、V 形槽、T 形槽、燕尾槽），如果进行适当的调整或增加某些附件，还可以加工齿条、齿轮、花键和母线为直线的成形面等。

（三）刨削的工艺特点及应用

第一，机床与刀具简单，通用性好。刨床结构简单，调整、操作方便；刨刀制造和刃磨容易，加工费用低；刨床能加工各种平面、沟槽和成形表面。

第二，刨削精度低。由于刨削为直线往复运动，切入、切出时有较大的冲击震动，影响了加工表面质量。刨平面时，两平面的尺寸精度一般为 IT8～IT9，表面粗糙度值 R_a 为 1.6～6.3 μm。在龙门刨床上用宽刃刨刀，以很低的切削速度精刨时，可以提高刨削加工质量，表面粗糙度值 R_a 达 0.4～0.8 μm。

第三，生产率较低。因为刨刀为单刃刀具，刨削时有空行程，且每次往复行程伴有两次冲击，从而限制了刨削速度的提高，使刨削生产率较低。但在刨削狭长平面或在龙门刨床上进行多件、多刀切削时，则有较高的生产率。因此，刨削多用于单件、小批量生产及修配工作中。

二、插削加工

插削加工（简称插削）在插床上进行，插床可看作是"立式牛头刨床"。主运动为滑枕带动插刀做上、下直线往复运动，工件装夹在工作台上，工作台可以实现纵向、横向和圆周的进给运动。插削主要用于在单件、小批量生产中插削某些内表面，如方孔、长方孔、各种多边形孔及孔内键槽等，也可以加工某些零件上的外表面。插削由于刀杆刚性差，加工精度较刨削差。

三、拉削加工

拉削加工简称拉削，是在拉床上用拉刀加工工件的工艺过程，是一种高生产率和高精度的加工方法。

（一）拉床与拉刀

在床身内装有液压驱动系统，活塞拉杆的右端装有随动支架和刀架，分别用以支承和夹持拉刀。拉刀左端穿过工件预加工孔后夹在刀架上，工件贴靠在床身的支撑上。当活塞拉杆向左做直线移动时，即带动拉刀完成工件加工。拉削时，只有主运动，即拉刀的直线移动，而无进给运动。进给运动可看作是由后一个刀齿较前一个刀齿递增一个齿升量的拉刀完成的。在工件上，如果要切去一定的加工余量，当采用刨削或插削时，刨刀、插刀要多次走刀才能完成。而用拉削加工，每个刀齿切去一薄层金属，只需一次行程即可完成。所以，拉削可看作是按高低顺序排列的多把刨刀进行的刨削。

拉刀是一种多刃专用刀具，一把拉刀只能加工一种形状和尺寸规格的表面。各种拉刀的形状、尺寸虽然不同，但它们的组成部分大体一致。拉刀切削部分是拉刀的主要部分，担负着切削工作，包括粗切齿和精切齿两部分。切削齿相邻两齿的齿升量一般为 $0.02 \sim 0.1\,mm$，其齿升量向后逐渐减小，校准齿无齿升量。为了改善切削齿的工作条件，在拉刀切削齿上开有分屑槽，以便将宽的切屑分割成窄的切屑。

（二）拉削方法

拉削的孔径一般为 $10 \sim 100\,mm$，孔的深径比一般不超过 $3 \sim 5$。被拉削的圆孔不需要精确的预加工，钻孔或粗镗后即可拉削。拉孔时工件一般不夹紧，只以工件端面为支撑面。因此，被拉削孔的轴线与端面之间应有一定的垂直度要求。当孔的轴线与端面不垂直时，应将端面贴紧在一个球面垫圈上，这样，在拉削力的作用下，工件连同球面垫圈一起略有转动，可把工件孔的轴线自动调节到与拉刀轴线一致的方向。若加工时刀具所受的力不是拉力而是推力，则称为推削。

（三）拉削的工艺特点及应用

第一，加工精度高。拉刀是一种定形刀具，在一次拉削过程中，可完成粗切、半精切、精切、校准和修光等工作。拉床采用液压传动，传动平稳，切削速度低，不产生积屑瘤，因此，可获得较高的加工质量。拉削的加工精度一般可达 IT7 ～ IT9，表面粗糙度值 R_a 可达 $0.4 ～ 1.6 \mu m$。

第二，应用范围广。在拉床上可以加工各种形状的通孔。此外，在大批量生产中还被广泛用来拉削平面、半圆弧面和某些组合表面。

第三，生产率高。拉刀是多刃刀具，一次行程能切除加工表面的全部余量，因此，生产率很高。尤其是加工形状特殊的内外表面时，效果更显著。

第四，拉床结构简单。拉削只有一个主运动，即拉刀的直线运动，故拉床的结构简单，操作方便。

第五，拉刀寿命长。由于拉削时切削速度低，冷却润滑条件好，因此，刀具磨损慢，刃磨一次，可以加工数以千计的工件。一把拉刀又可以重复修磨，故拉刀的寿命较长。但由于一把拉刀只能加工一种形状和尺寸的表面，且制造复杂、成本高，故拉削加工只用于大批、大量生产中。

第四节　铣削

一、铣床与铣削过程

铣削加工（简称铣削）是在铣床上利用铣刀对工件进行切削加工的工艺过程。铣削是平面加工的主要方法之一。铣削可以在卧式铣床、立式铣床、龙门铣床、工具铣床以及各种专用铣床上进行。对于单件、小批量生产中的中小型零件，卧式铣床和立式铣床最常用。前者的主轴与工作台台面平行，后者的主轴与工作台台面垂直，它们的基本部件大致相同。龙门铣床的结构与龙门刨床相似，其生产率较高，广泛应用于批量生产的大型工件，也可同时加工多个中小型工件。

铣削时，铣刀做旋转的主运动，工件由工作台带动做纵向或横向或垂直进给运动。铣削要素包括铣削速度、进给量、铣削深度、铣削宽度、切削厚度、切削宽度和切削面积。铣削时，铣刀有多个齿同时参加切削，故铣削时的切削面积应为各刀齿切削面积的总和。在铣削过程中，由于切削厚度是变化的，切削宽度有时也是变化的，因而切削面积也是变化的，其结果势必引起铣削力的变化，使铣刀的负荷不均匀，在工作中易引起震动。

二、铣削方式

铣平面可以用端铣，也可以用周铣。用周铣铣平面又有逆铣与顺铣之分。在选择铣削方法时，应根据具体的加工条件和要求，选择适当的铣削方式，以便保证加工质量和提高生产率。

（一）端铣与周铣

利用铣刀圆周齿切削的称为周铣，利用铣刀端部齿切削的称为端铣。端铣与周铣比较具有下列特点：

1. 端铣的生产率高于周铣

端铣用的端铣刀大多数镶有硬质合金刀头，且刚性较好，可采用大的铣削用量。而周铣用的圆柱铣刀多用高速钢制成，其刀轴的刚性较差，使铣削用量，尤其是铣削速度受到很大的限制。

2. 端铣的加工质量比周铣好

端铣时可利用副切削刃对已加工表面进行修光，只要选取合适的副偏角，可减少残留面积，减小表面粗糙度。而周铣时只有圆周刃切削，已加工表面实际上是由许多圆弧组成，表面粗糙度较大。

3. 周铣的适应性比端铣好

周铣能用多种铣刀铣削平面、沟槽、齿形和成形面等，适应性较强。而端铣只适宜端铣刀或立铣刀端刃切削的情况，只能加工平面。

综上所述，端铣的加工质量好，在大平面的铣削中目前大都采用端铣；周铣的适应性较强，多用于小平面、各种沟槽和成形面的铣削。

（二）逆铣与顺铣

当铣刀和工件接触部分的旋转方向与工件的进给方向相反时称为逆铣，当铣刀和工件接触部分的旋转方向与工件的进给方向相同时称为顺铣。逆铣与顺铣比较分别具有下列特点：

1. 逆铣时

铣削厚度从零到最大。刀刃在开始时不能立刻切入工件，而要在工件已加工表面上滑行一小段距离，这样一来，会使刀具磨损加剧，工件表面冷硬程度加重，加工表面质量下降。

工件所受的垂直分力方向向上，对工件起上抬作用，不仅不利于压紧工件，还会引起震动。

水平分力与进给方向相反，因此，工作台进给丝杠与螺母之间在切削过程中总是保持紧密接触，不会因为间隙的存在而使工作台左右窜动。

2. 顺铣时

铣削厚度从最大到零。不存在逆铣时的滑行现象，刀具磨损小，工件表面冷硬程度较轻。在刀具耐用度相同的情况下，顺铣可提高铣削速度30%左右，可获得较高的生产率。

工件所受的垂直分力方向向下，有助于压紧工件，铣削比较平稳，可提高加工表面质量。

水平分力的方向与工作台的进给方向相同，而工作台进给丝杠与固定螺母之间一般都存在间隙。因此，当忽大忽小的水平分力值较小时，丝杠与螺母之间的间隙位于右侧，而当水平分力值足够大时，就会将工作台连同丝杠一起向右拖动，使丝杠与螺母之间的间隙位于左侧。这样在加工过程中，水平分力的大小变化会使工作台忽左忽右来回窜动，造成切削过程的不平稳，导致啃刀、打刀甚至损坏机床。

综上所述，顺铣有利于提高刀具耐用度和工件夹持的稳定性，从而可提高工件的加工质量，故当加工无硬皮的工件，且铣床工作台的进给丝杠和螺母之间具有间隙消除装置时，采用顺铣为好。反之，如果铣床没有上述间隙消除装置，则在加工铸、锻件毛坯面时，采用逆铣为妥。

三、铣削加工的工艺特点及应用

（一）铣削的工艺特点

1. 生产率较高

铣刀是典型的多齿刀具，铣削时有多个刀齿同时参加工作，并可利用硬质合金镶片铣刀，有利于采用高速铣削，且切削运动是连续的，因此，与刨削加工相比，铣削加工的生产率较高。

2. 刀齿散热条件较好

铣刀刀齿在切离工件的一段时间内可得到一定程度的冷却，有利于刀齿的散热。但由于刀齿的间断切削，使每个刀齿在切入及切出工件时，不但会受到冲击力的作用，而且还会受到热冲击，这将加剧刀具的磨损。

3.铣削时容易产生震动

铣刀刀齿在切入和切出工件时易产生冲击，并将引起同时参加工作的刀齿数目的变化，即使对每个刀齿而言，在铣削过程中的铣削厚度也是不断变化的，因此刀齿数目的变化会使铣削过程不够平稳，影响加工质量。与刨削加工相比，除宽刀细刨外，铣削的加工质量与刨削大致相当，一般经粗加工、精加工后都可达到中等精度。

由于上述特点，铣削既适用于单件、小批量生产，也适用于大批、大量生产；而刨削多用于单件、小批量生产及修配工作中。

（二）铣削加工的应用

铣床的种类、铣刀的类型和铣削的形式均较多，加之分度头、圆形工作台等附件的应用，铣削加工的应用范围较广。

（三）分度及分度加工

铣削四方体、六方体、齿轮、棘轮以及铣刀、铰刀类多齿刀具的容屑槽等表面时，每铣完一个表面或沟槽，工件必须转过一定的角度，然后再铣削下一个表面或沟槽，这种工作通常称为分度。分度工作常在万能分度头上进行。常用的分度方法，是通过分度头内部的传动系统来实现的。

进行简单分度时，分度盘用固紧螺钉固定。由传动系统可知，当手柄转1转时，主轴只转 $1/40$ r，当对工件进行 z 等分时，每次分度，主轴转数为 $1/z$ 圈，由此可得手柄转数为 $n=40/z$。例如，某齿轮齿数为 $z=36$，则每次分度手柄转数应为：$n=40/z=40/36=$（$1+1/9$ r）。即每次分度手柄应转1整圈又 $1/9$ 圈，其中 $1/9$ 圈为非整数圈，须借助分度盘进行准确分度。分度头一般备有两块分度盘。分度盘的正反两面有许多圈小孔，各圈孔数不同，但同一圈上的孔距相等。两块分度盘各圈的孔数如下：

第一块正面为：24、25、28、30、34、37。反面为：38、39、41、42、43。

第二块正面为：46、47、49、51、53、54。反面为：57、58、59、62、66。

为了获得 $1/9$ r，应选择孔数为9的倍数的孔圈。若选54孔的孔圈，则每次分度时，手柄转1整圈再转6个孔距，此时可调整分度盘上的扇形的夹角，使其所夹角度相当于欲分的孔距数，这样依次分度就可准确无误。

第五节　磨削

一、磨削加工

（一）砂轮

磨削加工（简称磨削）是一种以砂轮作为切削工具的精密加工方法。砂轮是由磨料和结合剂黏结而成的多孔物体。

砂轮的特性包括磨料、粒度、结合剂、硬度、组织、形状和尺寸等方面。砂轮的特性对加工精度、表面粗糙度和生产率影响很大。在标注砂轮时，砂轮的各种特性指标按形状代号、尺寸、磨料、粒度、硬度、组织、结合剂、（允许的）最大速度的顺序书写。

1. 磨料

磨料是砂轮和其他磨具的主要原料，直接担负切削工作。磨料应具有高硬度、高耐热性和一定的韧性，在切削过程中受力破碎后还要能形成尖锐的棱角。常用的磨料主要有三大类：刚玉类、碳化硅类和超硬类。

2. 粒度

粒度是指磨料颗粒（磨粒）的大小。磨粒的大小用粒度号表示，粒度号数字越大，磨粒越小。磨料粒度的选择，主要与加工精度、加工表面粗糙度、生产率以及工件的硬度有关。一般来说，磨粒越细，磨削的表面粗糙度值越小，生产率越低。粗磨时，要求磨削余量大，表面粗糙度较大，而粗磨的砂轮具有较大的气孔，不易堵塞，可采用较大的磨削深度来获得较高的生产率，因此，可选较粗的磨粒（36～60号）；精磨时，要求磨削余量很小，表面粗糙度很小，须用较细的磨粒（60～120号）。对于硬度低、韧性大的材料，为了避免砂轮堵塞，应选用较粗的磨粒。对于成形磨削，为了提高和保持砂轮的轮廓精度，应选用较细的磨粒（100～280号）。镜面磨削、精细珩磨、研磨及超精加工一般使用微粉。

3. 结合剂

结合剂的作用是将磨料黏合成具有一定强度和形状的砂轮。砂轮的强度、抗冲击性、耐热性及抗腐蚀能力主要取决于结合剂的性能。

4. 硬度

砂轮的硬度和磨料的硬度是两个不同的概念。砂轮的硬度是指砂轮表面上的磨粒在外力作用下脱落的难易程度。容易脱落的为软砂轮，反之为硬砂轮。同一种磨料可做成不同硬度的砂轮，这主要取决于结合剂的性能、比例以及砂轮的制造工艺。通常，磨削硬材料时，砂轮硬度应低一些；反之，应高一些。有色金属韧性大，砂轮孔隙易被磨屑堵塞，一般不宜磨削。若要磨削，则应选择较软的砂轮。对于成形磨削和精密磨削，为了较好地保持砂轮的形状精度，应选择较硬的砂轮。一般磨削常采用中软级至中硬级砂轮。

5. 组织

砂轮的组织是指砂轮中磨料、结合剂、气孔三者体积的比例关系。砂轮的组织号是由磨料所占百分比来确定的。磨料所占体积越大，砂轮的组织越紧密；反之，组织越疏松。为了保证较高的几何形状和较低的表面粗糙度，成形磨削和精密磨削采用 0～4 级组织的砂轮；磨削淬火钢及刃磨刀具，采用 5～8 级组织的砂轮；磨削韧性大而硬度较低的材料，为了避免堵塞砂轮，采用 9～12 级组织砂轮。

6. 砂轮形状

根据机床类型和磨削加工的需要，将砂轮制成各种标准的形状。

（二）磨削过程

磨削是用分布在砂轮表面上的磨粒进行切削的。每一颗磨粒的作用相当于一把车刀，整个砂轮的作用相当于具有很多刀齿的铣刀，这些刀齿是不等高的，具有不同的几何形状和切削角度。比较凸出和锋利的磨粒，可获得较大的切削深度，能切下一层材料，具有切削作用；凸出较小或磨钝的磨粒，只能获得较小的切削深度，在工件表面上划出一道细微的沟纹，工件材料被挤向两旁而隆起，但不能切下一层材料；凸出很小的磨粒，没有获得切削深度，既不能在工件表面上划出一道细微的沟纹，也不能切下一层材料，只对工件表面产生滑擦作用。对于那些起切削作用的磨粒，刚开始接触工件时，由于切削深度极小，磨粒切削能力差，在工件表面上只是滑擦而过，工件表面只产生弹性变形；随着切削深度的增大，磨粒与工件表面之间的压力增大，工件表层逐步产生塑性变形而刻划出沟纹；随着切削深度的进一步增大，被切材料层产生明显滑移而形成切屑。

综上所述，磨削过程就是砂轮表面上的磨粒对工件表面的切削、划沟和滑擦的综合作用过程。砂轮表面上的磨粒在高速、高温与高压下，逐渐磨损而钝化。钝化磨粒的切削能力急剧下降，如果继续磨削，作用在磨粒上的切削力将不断增大。当此力超过磨粒的极限强度时，磨粒就会破碎，形成新的锋利棱角进行磨削。当此力超过砂轮结合剂的黏结强度时，钝化磨粒就会自行脱落，使砂轮表面露出一层新鲜锋利的磨粒，从而使磨削加工能够继续进行。砂轮的这种自行推陈出新、保持自身锐利的性能称为自锐性。不同结合剂的砂轮其自锐性不同，陶瓷结合剂砂轮的自锐性最好，金属结合剂砂轮的自锐性最差。在砂轮使用一段时间后，砂轮会因磨粒脱落不均匀而失去外形精度或被堵塞，此时砂轮必须进行修整。

二、磨削的工艺特点

与其他加工方法相比，磨削加工具有以下特点：

（一）加工精度高、表面粗糙度小

由于磨粒的刃口半径小，能切下一层极薄的材料；又由于砂轮表面上的磨粒多，磨削速度高，同时参加切削的磨粒很多，在工件表面上形成细小而致密的网络磨痕，再加上磨床本身的精度高、液压传动平稳，因此，磨削的加工精度高，表面粗糙度小。

（二）磨削温度高

由于具有较大负前角的磨粒在高压和高速下对工件表面进行切削、划沟和滑擦作用，砂轮表面与工件表面之间的摩擦非常严重，消耗功率大，产生的切削热多。又由于砂轮本身的导热性差，因此，大量的磨削热在很短的时间内不易传出，使磨削区的温度升高，有时高达 800 ~ 1000℃。高的磨削温度容易烧伤工件表面。干磨淬火钢工件时，会使工件退火，硬度降低；湿磨淬火钢工件时，如果切削液喷注不充分，可能出现二次淬火烧伤，即夹层烧伤。因此，磨削时，必须向磨削区喷注大量的磨削液。

（三）砂轮有自锐性

砂轮的自锐性可使砂轮进行连续加工，这是其他刀具没有的特性。

三、普通磨削方法

（一）外圆磨削

外圆磨削通常作为半精车后的精加工。外圆磨削有纵磨法、横磨法、深磨法和无心外圆磨法四种。

1. 纵磨法

在普通外圆磨床或万能外圆磨床上磨削外圆时，工件随工作台做纵向进给运动，每个单行程或往复行程终了时砂轮做周期性的横向进给，这种方式称为纵磨。由于纵磨时的磨削深度较小，所以磨削力小，磨削热少。当磨到接近最终尺寸时，可做几次无横向进给的光磨行程，直至火花消失为止。一个砂轮可以磨削不同直径和不同长度的外圆表面。因此，纵磨法的精度高，表面粗糙度 R_a 值小，适应性好，但生产率低。纵磨法广泛用于单件、小批量和大批、大量生产中。

2. 横磨法

在普通外圆磨床或万能外圆磨床上磨削外圆时，工件不做纵向进给运动，砂轮以缓慢的速度连续或断续地向工件做横向进给运动，直至磨去全部余量为止。这种方式称为横磨法，也称为切入磨法。横磨法生产率高，但工件与砂轮的接触面大，发热量大，散热条件差，工件容易发生热变形和烧伤现象。横磨法的径向力很大，工件更易产生弯曲变形。由于无纵向进给运动，工件表面易留下磨削痕迹，因此，有时在横磨的最后阶段进行微量的纵向进给以减小磨痕。横磨法只适宜磨削大批、大量生产的、刚性较好的、精度较低的、长度较短的外圆表面以及两端都有台阶的轴颈。

3. 深磨法

磨削时采用较小的进给量（一般取 $1 \sim 2mm/r$）、较大的磨削深度（一般为 $0.3mm$ 左右），在一次切削行程中切除全部磨削余量。深磨所使用的砂轮被修整成锥形，其锥面上的磨粒起粗磨作用；直径大的圆柱表面上的磨粒起精磨与修光作用。因此，深磨法的生产率较高，加工精度较高，表面粗糙度较低。深磨法适用于大批、大量生产的、刚度较大工件的精加工。

4. 无心外圆磨法

磨削时，工件放在两轮之间，下方有一托板。大轮为工作砂轮，旋转时起切削作用；小轮是磨粒极细的橡胶结合剂砂轮，称为导轮。两轮与托板组成 V 形定位面托住工件。为了使工件定位稳定，并与导轮有足够的摩擦力矩，必须把导轮与工件接触部位修整成直线。因此，导轮圆周表面为双曲线回转面。无心外圆磨削在无心外圆磨床上进行。无心外圆磨床生产率很高，但调整复杂；不能校正套类零件孔与外圆的同轴度误差；不能磨削具有较长轴向沟槽的零件，以防外圆产生较大的圆度误差。因此，无心外圆磨法主要用于大批、大量生产的细长光轴、轴销和小套等。

（二）内圆磨削

内圆磨削在内圆磨床或无心内圆磨床上进行，其主要磨削方法有纵磨法和横磨法。

1. 纵磨法

纵磨法的加工原理与外圆的纵磨法相似，纵磨法需要砂轮旋转、工件旋转、工件往复运动和砂轮横向间隙运动。

2. 横磨法

横磨法的加工原理与外圆的横磨法基本相同，其不同的是砂轮的横向进给是从内向外。

与外圆磨削相比，内圆磨削主要有下列特征：

（1）磨削精度较难控制

因为磨削时砂轮与工件的接触面积大，发热量大，冷却条件差，工件容易产生热变形，特别是因为砂轮轴细长，刚性差，易产生弯曲变形，造成圆柱度（内圆锥）误差。因此，一般需要减小磨削深度，增加光磨次数。内圆磨削的尺寸公差等级可达 IT6 ~ IT8。

（2）磨削表面粗糙度 R_a 大

内圆磨削时砂轮转速一般不超过 20 000 r/min。由于砂轮直径很小，外圆磨削时其线速度很难达到 30 ~ 50m/s。内圆磨削的表面粗糙度 R_a 值一般为 0.4 ~ 1.6μm。

（3）生产率较低

因为砂轮直径很小，磨耗快，冷却液不易冲走屑末，砂轮容易堵塞，故砂轮需要经常修整或更换。此外，为了保证精度和表面粗糙度，必须减小磨削深度和增加光磨次数，也必然影响生产率。

基于以上情况，在某些生产条件下，内圆磨削常被精镗或铰削所代替。但内圆磨削毕竟还是一种精度较高、表面粗糙度较低的加工方法，能够加工高硬度材料，且能校正孔的轴线偏斜。因此，有较高技术要求的或具有台肩而不便进行铰削的内圆表面，尤其是经过淬火的零件内孔，通常还要采用内圆磨削。

第五章
机械加工精度与控制

第一节　工艺系统的几何误差

一、机床的几何误差

机床的几何误差包括机床制造误差、磨损和安装误差等几个方面。本节简单分析在机床的几何误差中对加工精度影响较大的主轴回转误差、导轨误差及传动链误差。

（一）主轴的回转误差

机床主轴的回转精度（回转误差的大小）直接影响零件的加工精度。在理想情况下，当主轴回转时，主轴回转轴线的空间位置是不动的。但实际上由于存在着轴颈的圆度、轴颈之间的同轴度、轴承之间的同轴度、主轴的挠度及支承端面对轴颈中心线的垂直度等误差，这些误差都在不同程度上影响主轴回转精度，使主轴的每一瞬间回转轴线的空间位置都发生变动。

过去衡量机床主轴回转精度的主要指标是主轴前端的径向跳动和轴向窜动。此法虽简单，但不能反映主轴在真正工作速度下的回转误差及它们对加工表面精度的影响。近年来对于高精度主轴，提出了控制主轴回转轴线的漂移以提高主轴的回转精度。

主轴轴线的漂移是由下列因素引起的：

1. 滑动轴承的轴颈与滚动轴承滚道的圆度误差。

2. 滑动轴承的轴颈（或轴套）与滚动轴承滚道的坡度。

3. 滚动轴承滚子圆度误差与尺寸误差。

4. 有关零件在不同方向上的刚度不同。对于载荷同主轴一起旋转的主轴，有关零件是指固定不动的零件，如轴承圈、支承座、箱体等。对于载荷方向不变的主轴，是指主轴、轴承内圈等。由于这些有关零件配合表面的几何形状误差及表面质量状况，将使它们装配后在不同方向的刚度不同。

5. 轴承的间隙。将轴承预紧，可消除并减小滚道圆度、坡度及滚子圆度和尺寸差对轴线漂移的影响。

上述的一些因素是由多个方面原因造成的，一个原因也可能对几个因素有影响。应注意的是，因为轴承圈是薄壁零件，受力后极易变形，当安装在主轴轴颈上或支承座孔中时，会因轴颈或座孔的圆度误差而产生相应的变形，从而破坏了轴承原来的精度。因此对支承座孔与轴颈，除控制其尺寸误差外，还必须控制其几何形状误差。

（二）导轨误差

床身导轨是机床中一些主要部件的相对位置及运动的基准，它的各项误差直接影响被加工零件的精度。

机床导轨误差产生的原因是：

1. 机床在使用过程中，由于机床导轨磨损不均匀，会使导轨产生不直度、扭曲度等误差，这些误差对加工精度影响很大。

2. 机床安装得不正确，即安装水平调整得不好，会使床身产生扭曲，破坏原有的制造精度，从而影响加工精度。

为了减少机床导轨误差对加工精度的影响，当设计和制造时，应从结构、材料、润滑方式、保护装置方面采取相应的措施，同时在使用过程中，要保证地基和安装质量，细心维护和注意润滑等。

（三）传动链误差

传动链误差会影响刀具运动的正确性，在某些情况下，它是影响加工精度的主要因素。例如，当滚切齿轮时，需要滚刀的转速和工件的转速之比恒定不变，保持严格的运动关系：

$$\frac{n_刀}{n_工} = \frac{z_工}{K}$$

（公式 5-1）

式中　K——滚刀头数；

$n_刀$——滚刀转速，r/min；

$n_工$——工件转速，r/min；

$z_工$——工件齿数。

当传动链中的传动元件（如滚切挂轮、分度蜗轮副等）有制造误差和装配误差，以及在使用过程中有磨损时，就会破坏正确的运动关系，使滚出的齿轮产生误差（如周节误差、周节累积误差及齿形误差等）。因此，机床传动链的传动精度，首先，取决于各传动元件的制造和装配精度；其次，与各传动元件在传动链中的位置有关。

为了减小机床传动链误差对加工精度的影响，可采取下列措施：

1. 减少传动链的元件数目，缩短传动链，以减小误差来源。

2. 提高传动元件，特别是末端传动元件的制造精度和装配精度。实践证明：滚齿机上切出的齿轮的周节误差及周节累积误差，大部分是由分度蜗轮副引起的。所以滚齿机分度蜗轮副是影响加工精度的关键。通常分度蜗轮副的精度等级应比被加工齿轮精度高 $1\sim2$ 级，同时末端传动副的减速比取得越大，则传动链中其余传动元件的误差影响也就越小。

3. 消除间隙。传动链齿轮存在的间隙，同样会影响末端元件的瞬时速度不均匀，速比不稳定。

4. 采用误差校正机构来提高传动精度。这种方法的实质是人为地在传动链中加入一个与机床传动误差大小相等、方向相反的误差，以抵消传动链本身的误差。

二、刀具与夹具误差

（一）刀具误差

刀具对加工精度的影响，根据刀具种类的不同而不同。

当用定尺寸刀具（如钻头、铰刀、镗刀块、拉刀及键槽铣刀等）加工时，刀具的尺寸精度直接影响被加工零件的尺寸精度。同时还要考虑刀具的工作条件，如机床主轴的回转误差或刀具安装不当而产生径向和轴向跳动等，都会使加工的尺寸误差扩大。

当用成形刀具（如成形车刀、成形铣刀及成形砂轮）加工时，加工表面的几何形状精度直接决定于刀具本身的形状精度。

当用展成法加工（如滚齿、插齿等）时，刀具切削刃的几何形状及有关尺寸，也会直接影响加工精度。

对于一般刀具（如车刀、铣刀、镗刀等），其制造精度对加工精度无直接影响，但如果刀具几何参数和形状不适当，将影响刀具的磨损及耐用度，因此也会间接地影响加工精度。

在切削过程中，刀具不可避免地要产生磨损，并由此引起加工零件尺寸或形状的改变。

为减小刀具制造误差和磨损对加工精度的影响，除合理规定尺寸刀具和成形刀具的制造误差外，应根据工件材料及加工要求，正确选择刀具材料、切削用量、冷却润滑，并准确地进行刃磨，以减小磨损。

（二）夹具误差

夹具误差包括定位元件、刀具引导体、分度机构及夹具体等零件的制造误差，以及定位元件之间的相互位置误差和其他有关的夹具制造误差。

因此，当设计夹具时，凡影响零件精度的尺寸应严格控制其制造公差。

三、调整误差

在机械加工的每一工序中，总要进行这样或那样的调整工作。例如，按要求调整刀具的加工尺寸、在机床上安装夹具、在固定刀具和夹具的位置后检查调整精度（包括试切工件）等。由于调整不可能绝对准确，必然会带来一些误差，即调整误差。引起调整误差的原因很多，例如，调整所用的刻度盘、定程机构（行程挡块、凸轮、靠模等）的精度及其与它们配合使用的离合器、电气开关、控制阀等元件的灵敏度，测量样板、样件、仪表本身的误差和使用误差，在调整机床时只是测量有限几个试件而不能准确判断全部零件的尺寸分布造成的误差。

在正常情况下，在一次机床调整下加工出一批零件，调整误差对每一零件的尺寸精度的影响程度是不变的。但由于刀具、砂轮磨损后的小调整或更换刀具的重新调整，不可能使每次调整所得到的位置完全相同。因此，对全部加工零件来说，调整误差也属于偶然性质的误差，有一定的分布范围。

在一次调整下加工出来的零件可画成尺寸分布曲线，每次机床调整改变时，分布曲线的中心将发生偏移。机床调整误差可理解为分布曲线中心的最大可能偏移量。

刀具或砂轮位置经准确调整后，在加工过程中由于刀具或砂轮的磨损，会使零件尺寸逐渐超出公差而需要重新调整。为了使每次调整加工的零件数目尽可能多，开始加工零件尺寸应接近工作量规的不过端（公差下限）；为了避免产生不可修复的废品，常将尺寸调整在接近工作量规过端的一边。

在坐标镗床、数控机床上广泛应用光学读数头、光栅、感应同步器等检测装置，利用这些装置可使调整精度达到微米级。

四、工件的定位误差

所谓定位误差，是指当工件在定位时，由于工件的位置不准确而在加工过程中引起工序尺寸变化的加工误差。

引起定位误差的原因归纳为：

1. 基准不重合产生的定位误差。

2. 定位元件和定位基准面本身误差产生的定位误差。

第二节　工艺系统力效应产生的误差

一、静、动刚度的概念

所谓工艺系统的力效应是指切削过程中由机床—夹具—刀具—工件组成的工艺系统，在切削力、传动力、惯性力、夹紧力、重力及其他控制力和干扰力的作用下，其静态和动态特性的改变，具体表现为工艺系统产生相应的变形（弹性变形和塑性变形，塑性变形主要是构件接合面间的变形）和系统各构件间的震动。这种变形和震动，会破坏已调整好的刀具和工件之间的相对位置和成形运动的位置、速度等关系，还会破坏切削过程的稳定性，使加工后的工件产生加工误差，表面粗糙度增大。

从动力学的观点出发，工艺系统被看作是一个具有一定质量、弹性和阻尼所组成的多自由度机械动系统。当系统受到变化的载荷时，特别是周期性干扰力（例如断续切削中周期性变化切削力；连续切削时，由于材质不均匀或积瘤、断屑、震动等因素引起的切削力的变动等）作用时，系统就会震动。其所受力的大小和变形的大小与载荷的频率有关。把在某段频率范围内产生单位振幅所需的激振力幅定义为该频率下的动刚度。如果工艺系统刚度不好，加工时刀具和工件之间会产生强烈的震动，使切削过程稳定性受到破坏，从而影响加工精度。

工艺系统的静、动刚度特性对加工精度影响较大。

在加工过程中，工艺系统在切削力作用下产生变形，为了分析工艺系统受力变形对加工精度的影响，必须研究工艺系统各个组成部分的变形规律及其特点。由于刀具和工件结构简单，刚度问题较简单（见材料力学相关内容），夹具的结构较复杂一些，机床的各种连接和运动方式最复杂，为此重点讨论机床部件的静刚度问题。

二、工艺系统刚度对加工精度的影响

研究工艺系统的刚度是为了解决系统变形对加工精度的影响问题。在加工过程中，机床部件、夹具、刀具、工件在切削力作用下，都会有不同程度的变形，这将导致刀刃和加工表面在作用力方向上的相对位置发生变化，于是产生加工误差。

工艺系统在受力情况下的总变形 y_{xt} 是各个组成部分变形的叠加。即

$$y_{xt} = y_{jc} + y_{dj} + y_{jj} + y_g$$

（公式 5-2）

式中　　y_{xt} ——工艺系统总变形量，$y_{xt} = P_Y / k_{xt}$，k_{xt} 为工艺系统刚度；

y_{jc} ——机床变形量，$y_{jc} = P_Y / k_{jc}$，k_{jc} 为机床刚度；

y_{dj} ——刀架变形量，$y_{dj} = P_Y / k_{dj}$，k_{dj} 为刀架刚度；

y_{jj} ——夹具变形量，$y_{jj} = P_Y / k_{jj}$，k_{jj} 为刀具刚度；

y_g ——工件变形量，$y_g = P_Y / k_g$，k_g 为工件刚度。

将上述关系代入上式整理后得

$$k_{xt} = \cfrac{1}{\cfrac{1}{k_{jc}} + \cfrac{1}{k_{dj}} + \cfrac{1}{k_{jj}} + \cfrac{1}{k_g}}$$

（公式 5-3）

由上式可知，若知道了工艺系统的各组成部分的刚度，就可求出工艺系统刚度。工艺系统刚度对加工精度的影响，可归纳为下列三种形式：

（一）受力点位置的变化

工艺系统刚度除各组成部分刚度的影响外，还有一个很大特点，那就是随着受力点位置的变化而变化。

（二）工件毛坯加工余量和材料硬度的变化

当工件毛坯加工余量和材料硬度不均匀时，就会引起切削力的变化。在工艺系统刚度一定情况下，工艺系统变形随切削力的不断变化而产生尺寸和几何形状误差。

（三）传动力、惯性力、重力和其他作用力的变化

1. 惯性力和传动力引起的加工误差

在加工过程中，由于旋转的机床零件、夹具或工件等的不平衡而产生的离心惯性力，对加工精度影响极大。

2.机床部件和工件本身的重力引起加工误差

在重型机床中，由于机床部件在加工中位置的移动，改变了部件自重对床身、立柱、横梁的作用点位置，使受力变形的情况改变，引起加工误差。

对于大型的工件，有时其自重所引起的变形也会产生加工误差。因此，当加工较长的工件进行装夹时应增加辅助支承以减小自重变形。

3.夹紧变形引起的误差

当工件刚性比较差时，由于夹紧方法不当，也会引起工件的形状误差。

（四）夹具刚度对加工精度的影响

由于工件直接安装在夹具中，要求夹具等构件具有足够的强度和刚度，使其在夹紧力和切削力作用下不易变形，不产生震动，且夹紧后不改变工件的原有定位。夹具的刚度对加工精度的影响比其部件更为直接。因此，当设计专用夹具时，必须考虑夹具应具有高的刚度，否则会严重影响加工精度。

三、减小工艺系统受力变形和提高工艺系统刚度的措施

提高工艺系统的静、动刚度，减小受力变形和震动，是保证加工质量、提高生产率的有效途径。一般应采取四个方面的措施：

（一）机床及夹具结构设计方面

机床的床身、立柱、横梁等构件及夹具等支承零件本身的静刚度对整个工艺系统刚度有较大的影响。因此设计机床时，必须合理设计其部件的断面形状和结构，并尽可能减轻重力。对于运动部件的传动刚度，不只限于增大构件截面尺寸，常常可以采用预加载荷的办法来提高传动刚度，夹具等支承件本身应具有高的刚度。

（二）提高接触刚度

由于部件的刚度大大低于同外形尺寸的实体零件本身的刚度，所以提高接触刚度是提高工艺系统刚度的关键。提高连接配合表面的几何形状精度，减小表面粗糙度，就可以提高接触刚度。

（三）设置辅助支承，提高部件刚度

为了提高工作台部件的刚度，采用辅助导轨是一种常见的形式。在加工过程中应用辅助支承以提高工艺系统刚度，也是常用的方法。例如，当车细长轴时，采用中心架和跟刀架来提高零件的刚度等。

（四）采用合理的安装方法和加工方法

如在卧式铣床上铣一角铁零件的端平面，工艺系统刚度较低。若将工件放倒，改用端铣刀加工，则工艺系统刚度可以大大提高。

第三节　工艺系统热变形产生的误差

一、概述

在机械加工过程中，工艺系统受热的作用常产生复杂的变形，从而破坏工件和刀具的相对运动，引起加工误差。根据统计，在精密加工中，由热变形引起的误差占总加工误差的 40% ～ 70%。热变形不仅严重地降低了加工精度，而且影响了机床的效率。

在现代自动化生产中，全靠机床来保证加工精度，热变形问题就显得更加突出。

在加工过程中工艺系统热源可分为两大类，即内部热源和外部热源，进一步细分如下：

$$
工艺系统热源\begin{cases} 内部热源\begin{cases} 摩擦热(电动机、轴承、离合器、齿轮副、丝杠副、切削液等) \\ 切削热(工件、刀具、切屑、切削液等) \end{cases} \\ 外部热源\begin{cases} 环境温度(气温度化、热风、冷风、空气流动等) \\ 热辐射(阳光、灯光、暖气设备、人体等) \end{cases} \end{cases}
$$

工艺系统热变形问题较复杂，下面简略地对工艺系统热变形所引起的误差进行分析。

二、机床热变形对加工精度的影响

机床在运转和加工过程中，在内外热源的影响下，机床各部件温度将发生变化。由于热源分布的不均匀性和机床结构的复杂性，将引起机床部件的热变形，使部件之间丧失原有的配合精度，使刀具和工件运动的相对位置发生变化，从而降低了加工精度。

由于各类机床的结构和工作条件相差很大，因此引起机床热变形的热源和变形形式也是多种多样的。但最主要的是主轴部件、床身导轨及两者的相对位置的变化，这些将导致加工精度降低。

对于车、铣、钻、镗类的机床，产生热变形的主要热源是主轴箱轴承的摩擦热和主轴箱中油池的发热。它将导致主轴箱和与它相连部分的床身温度的升高，温升使主轴抬高和倾斜。

又如精密的坐标镗床，定位精度很高（如国产 T4163B 单柱坐标镗床定位精度为 6μm），机床热变形对加工精度的影响很大。实验测定，当主轴以 1200 r/min 的转速运转 2 h 后产生的热变形位移竟达 42μm，超过机床精度的 6 倍。

对于外圆磨轮，由于各部件在内部热源的作用下温度升高，引起机床热变形。

三、刀具的热变形对加工精度的影响

刀具热变形的热源主要是切削热，虽然切削热只有很少的一部分传给刀具，但刀具的体积小，温度极易上升，通常可被加热到很高的温度。例如，高速钢车刀的刀刃部分温度可达 700～800℃。刀具热变形在切削之初增长很快，随之变得缓慢，经过 1～20 min 后即可达到热平衡，此时变形不再增加。一般刀具的热变形可达 0.03～0.05mm。一般情况下，刀具的切削工作是间断的，即在装卸零件的非切削时间内，刀具有一段冷却时间，然后又进行切削，又继续热变形。所以在间断切削时，刀具热变形曲线具有热胀与冷缩的双重特性。间断切削的刀具总的热变形量比连续切削时要小一些。

当加工大型零件时，例如，加工长轴的外圆，由于刀具长时间的切削产生热变形，使零件表面造成几何形状误差（造成锥度）。又如，加工大直径工件的端面，会形成平面误差。

为了减小刀具的热变形，应合理选择刀具的几何参数并充分冷却。

四、工件热变形对加工精度的影响

在加工过程中，工件受到切削热的作用会产生热变形，若是在热膨胀的情况下达到规定的加工尺寸，则冷却收缩后尺寸会变小，甚至尺寸超差。

在均匀、连续受热的情况下，工件热变形为

$$\Delta L = \alpha L T$$

（公式 5-4）

式中：α ——工件材料的线膨胀因数（钢为 $1.17\times10^{-5}/℃$，铸铁为 $1\times100^{-5}/℃$，黄铜为 $1.7\times100^{-5}/℃$）；

ΔT ——工件温升，℃；

L——热变形方向工件尺寸，mm。

例如磨削长丝杠时，丝杠长 3m，每磨一次温度升高 3℃，则丝杠的伸长量为

$\Delta L = 3000\times1.17\times100^{-5}\times3=0.1$

而 6 级精度丝杠螺距累积误差在全长上不允许超过 0.02。由此可见，热变形对精加工的精度影响是显著的。

工件的热变形有两种情况：一种是比较均匀的受热，如车、镗、磨等加工方法，它将主要影响尺寸精度；另一种是不均匀的受热，如平面的刨削、磨削和铣削加工方法，工件单面受热，上下表面形成温度差而变形，则影响几何形状精度〔如磨削 600（高，2000）长的床身，即使上、下表面温度差仅 2.4℃，其变形可达 0.01mm/m（下凹）〕。

五、环境温度变化对加工精度的影响

除了工艺系统内部发热引起热变形外，周围环境温度变化也会引起热变形。车间的温度一昼夜变化可达 10℃左右，这不仅影响机床本身的几何精度，而且直接影响工件的加工和测量精度。当滚切汽轮机减速齿轮时，由于受到外界温度影响，滚齿机的滚刀板进给丝杠发生伸缩变形，齿向全长测量形成一种波动，从一个峰至另一峰之间的时间为 24h，幅值达 20μm，说明温度影响很大。工件测量时受环境温度影响最为显著。

为此，用精密机床进行精密加工或精密成品的装配，均应在恒温车间进行。

六、热变形的控制措施

（一）减小发热和隔热

为了减少工艺系统中机床的发热，凡是有可能从主机分离出去的热源，如电动机、变速箱、丝杠副、油箱等，尽可能放置在机床外部。对于不能分离的热源，如主轴轴承、丝杠副、齿轮副、摩擦离合器之类的零件、部件，则应从结构和润滑方面改善其摩擦特性，减少发热。

主轴部件是机床的关键部件，对加工精度有直接的影响。改善主轴轴承的结构和性能，是减少热变形的重要环节。为此，制造机床时通常采用静压轴承、低温动压轴承和空气轴承，并采用低黏度的润滑油，这些都有利于控制轴承温度升高。若热源不能从机床中分离出去，则可在这些发热部件和机床大件的接合面上装隔热材料（热源散热不好时，宜采用散热措施），防止热量的传导。

（二）强制冷却，控制温升，使温度均衡

在机床发热部位采取强制冷却，来吸收热源发出的热量，从而控制机床温升和热变形。如数控机床及加工中心等机床，普遍采用冷冻机来对润滑油进行强制冷却，大大减小了主轴箱部件的发热和变形。

（三）加快升温，保持热平衡

由热变形规律可知，在机床预热阶段发生大的热变形，当达到热平衡后，热变形渐趋于稳定，此后加工精度才能得到保证。因此，缩短机床的预热期，有利于提高生产率，保证加工精度。

（四）控制环境温度

在精密加工中，生产环节的恒温是不可缺少的。恒温温度应严格控制（一般为 ±1℃，精密级为 ±0.5℃，超精密级为 ±0.01℃）。

第四节　加工误差分析与统计质量控制

一、系统误差与偶然误差的概念

各种单因素的加工误差，按其性质的不同可分为系统误差与偶然误差。

（一）系统误差

当顺次加工一批零件时，大小保持不变或者是有规律变化着的误差称为系统误差。前者是常值系统误差，后者是规律性变化的系统误差（变值系统误差）。例如，用一把直径小于规定尺寸 0.02mm 的铰刀，铰出的所有孔的直径都比规定尺寸小 0.02，这种误差就是常值系统误差。又如，车轴时，由于车刀磨损，车削出来的轴直径就一个比一个大，轴直径的增大是有一定规律的，所以刀具磨损引起的误差就属于规律性变化的系统误差（变值系统误差）。再如工艺系统的热变形，也属于变值系统误差。

（二）偶然误差

在加工一批零件中，这类误差的大小和方向均是无规律地变化着的，有时大、有时小，有时正、有时负。这类误差称为偶然误差。例如，用一把铰刀加工一批零件的孔时，在相同的条件下，仍然得不到直径尺寸完全相同的一批孔，这可能是毛坯硬度不均匀、加工余量有差异、内应力重新分布引起变形等因素所造成的，这些因素都是变化不定的。虽然偶然误差引起的原因是各种各样的，它们的作用情况又很复杂，但可以应用数理统计方法找出偶然误差的规律，并加以控制。

对于某一具体的误差来讲，它究竟是属于系统误差还是偶然误差，应根据实际情况来决定。例如，在机床一次调整中加工的一批零件，机床的调整误差是常值系统误差；但当考虑一个月内或一年内该机床进行了若干次调整时，调整误差就成为偶然误差了。又如，冷却液的温度对精磨工件的尺寸精度的影响。当冷却液的温度变化无常时，磨削尺寸也将变化无常，这种误差属于偶然误差。如果采取措施使冷却液的温度保持一定，则所造成尺寸误差就表现为系统误差了。一般地说，同一因素，若其大小强弱稳定，则引起的误差呈规律性或系统性；若其大小强弱不稳定，则引起的误差就呈现出偶然性，或同时具有系统性和偶然性。

二、加工误差的综合

在研究和控制影响加工精度的各种误差因素中，常需求出各种因素引起的加工误差的总和。

对于平面加工，加工总误差为

$$\Delta_b = \sqrt{\Delta_{db}^2 + \Delta_{xj}^2 + \Delta_l^2} + \Delta_{dm} + \Delta_r + \sum \Delta_{xz}$$

（公式 5-5）

对于内、外圆表面和对立的平面，加工总误差为

$$\Delta_a = 2\sqrt{\Delta_{db}^2 + \Delta_t^2} + \Delta_{dm} + \Delta_r + \sum \Delta_{xz}$$

（公式 5-6）

式中　　Δ_{db}——工艺系统弹性变形所引起的误差；

Δ_{xj}——工件的装夹误差（包括定位误差和夹紧误差）；

Δ_t——机床调整误差；

Δ_{dm}——刀具尺寸磨损；

Δ_r——由工艺系统热变形引起的误差；

$\sum \Delta_{xz}$——由机床误差等因素引起的几何形状误差的总和。

Δ_{dm}、Δ_r及$\sum \Delta_{xz}$均为系统误差，其余为偶然误差。各系统误差按代数法相加，偶然误差用平方和的平方根法相加。

以上两个计算总误差的公式是基于在加工过程中对同一机床进行多次调整的情况得到的。若在一次调整中加工全部零件，则Δ_t为常值系统误差。

三、分析加工精度的统计方法

在生产实际中，常用统计方法来研究加工精度。统计法是以现场观察所得资料为基础的。主要有两种方法，即分布曲线法和点图法。

（一）分布曲线法

1. 偶然误差的分析

在加工过程中，偶然误差可用正态分布曲线进行分析。

某一工序加工出来的一批零件，由于偶然误差的存在，尺寸的实际数值是各不相同的。首先把每个零件加工的尺寸都进行测量，并记录下来。然后按尺寸大小把整批零件分组，每一组中零件的尺寸处在一定间隔范围内。同一尺寸间隔的零件数量，称为频数；频数与该批零件总数之比为频率。以频数（或频率）为纵坐标，零件尺寸为横坐标，则求出若干个点，用直线把这些点连接起来，就可得到一条折线。当零件数量增加，尺寸间隔取得很小（即组数分得很多）时，这条折线就非常接近于曲线，把这条曲线称为分布曲线。

实践证明：在一般情况下（即无某种优势因素影响），在机床上用调整法加工一批零件所得尺寸的统计分布曲线是正态分布曲线。

2. 系统误差的分析

加工过程中，常值系统误差对分布曲线的形状没有影响，仅使整个曲线沿横坐标方向移动，因而只影响算术平均尺寸之值。规律变化系统误差影响分布曲线的形状。

3. 正态分布曲线与加工精度

用测量一批零件的加工尺寸（实际尺寸）绘制出来的分布曲线与横坐标所包围的全部面积代表一批加工零件。

（二）点图法

以顺序加工的零件号为横坐标，零件的加工尺寸为纵坐标，则整批零件的加工结果就可画成点图。点图反映了加工尺寸的变化与时间的关系。

若将一批零件分成若干组，每组包括几个顺序加工的零件，而横坐标表示组的顺序号码，则点图的长度可以缩短。

但这种点图还不能很清楚地看出顺序加工的零件在加工过程中尺寸变化的一般倾向，因为尺寸分散而比较零乱。如果用每组零件的平均尺寸来画点图，则可以很容易地看出尺寸变化的趋势。

四、统计质量控制

（一）统计质量控制的作用

在加工过程中进行统计质量控制，就是边加工边抽查，根据一定的概率标准制定质量控制图。用质量控制图来判别实际测得的抽样值的变化是来自偶然性抽样误差，还是来自确定原因的系统误差。若属于后者，则应及时加以排除，以保证工艺过程的正常进行。若工艺过程只有偶然误差起作用，影响加工精度，称工艺过程是处于控制状态中，或者说质量是稳定的。如果有系统误差因素影响加工精度，就称工艺过程脱离了控制状态，或者说质量是不稳定的。

加工质量是否稳定，是由工艺过程本身的误差规律所决定的，而与加工尺寸的公差要求无关。这里所谈的稳定与否，与废品概念无关，稳定的工艺过程可能有废品，而不稳定的工艺过程可能没有废品。

（二）数理统计中的几个基本概念

1. 总体和个体

这里所研究对象的全体称为总体，其中的一个单位则称为个体。例如加工全部零件就是一个总体，每一个零件则是一个个体。

2. 子样

总体的一部分称为子样。子样中所含个体的数目称为子样容量。

3. 子样平均数

假使从总体中抽取一个子样，得到一批数据 $x_1, x_2, x_3, \cdots, x_n$，则它的算术平均数记作 $\overline{x}$，有

$$\overline{x} = \frac{1}{n} \sum_{i=1}^{n} x_i$$

（公式 5-7）

4. 子样中位数

把上述抽取的子样数据 $x_1, x_2, x_3, \cdots, x_n$，按大小顺序排列，则排在正中间的那个数称为中位数，记为 $\tilde{x}$。当 n 为奇数时，正中间数只有一个；当 n 为偶数时，正中间数有两个，这时中位数等于这两个数的算术平均值。

5.子样极差

极差是子样中最大数据与最小数据之差，记作 R。极差代表子样的离散程度。

6.子样标准差

子样标准差记作 S，其值为

$$S = \sqrt{\frac{1}{n-1}\sum_{i=1}^{n}\left(x_i - \bar{x}\right)^2}$$

（公式 5-8）

由于极差没有充分利用数据提供的信息，因此反映实际情况的精确度较差，标准差则比极差精确，但计算较复杂。

五、机床的调整

加工开始时，必须调整机床，使加工出来的一批零件尺寸，均能分布在公差带之内。在加工过程中，由于系统误差的影响，加工尺寸逐渐超出公差带，这时必须重新调整机床。

当点接近于控制线时，就预告可能产生废品，必须重新调整机床，或者更换刀具。由于考虑到刀具磨损所产生尺寸变化的方向，故加工外圆时，应按下控制线来调整；加工内孔时应按上控制线来调整。若考虑热变形等因素的影响，加工外圆时，还应加上某一数值；加工内孔时，还应减去某一数值来调整。

第六章
轴类零件机械制造技术应用

第一节　轴类零件的制造要求分析

一、轴类零件结构特征

　　轴类零件是机器结构中用于传递运动和动力的重要零件之一，其加工质量直接影响到机器的使用性能和运动精度。从结构特征来看，轴类零件是长度大于直径的回转体零件。其加工表面主要是内、外圆柱面，内、外圆锥面，螺纹，花键和沟槽等。

　　安装轴承的支承轴颈和安装传动零件的配合轴颈表面，一般是轴类零件的重要表面；轴肩一般用来确定安装在轴上零件的轴向位置；各环槽的作用是使零件装配时有一个准确的位置，并使加工中磨削外圆或车螺纹时退刀方便；键槽用于安装键，并传递转矩；螺纹用于安装各种锁紧螺母和调整螺母。

二、轴类零件的技术要求

　　一般轴类零件加工以保证尺寸精度和表面粗糙度要求为主，对各表面的形状及其之间的相互位置也有一定要求。

（一）尺寸精度和表面粗糙度要求

　　尺寸精度指直径和长度的精度，一般直径精度比长度精度要严格得多。轴类零件的主要表面常为两类：一类是与轴承的内圈配合的外圆轴颈，即支承轴颈，支承轴颈通常是轴类零件的主要表面，它影响轴的旋转精度与工作状态，精度要求高，通常为 IT5 ～ IT7；另一类为与各类传动件配合的轴颈，即配合轴颈，其精度稍低，常为 IT6 ～ IT9。

　　轴的加工表面都有粗糙度的要求，一般根据机器的类型以及零件的功能进行区分，或根据加工的可行性和经济性来确定。支承轴颈和重要表面的表面粗糙度 R_a 常为 $0.1 \sim 0.8\mu m$，配合轴颈和次要表面的表面粗糙度 R_a 常为 $0.8 \sim 3.2\mu m$。零件表面的粗糙度不同，其运转速度也会有所区别。

（二）形状精度要求

主要指支承轴颈的圆度、圆柱度。其误差一般限制在直径公差范围内。对精度要求较高的轴，应在图样上另行规定其形状公差。

（三）位置精度要求

保证配合轴颈相对支承轴颈的同轴度或径向圆跳动、重要端面对轴心线的垂直度等，是轴类零件位置精度的普遍要求。一般精度的轴，径向圆跳动为 $0.01 \sim 0.03$mm；高精度的轴（如主轴），径向圆跳动为 $0.001 \sim 0.005$mm。

三、轴类零件的材料及热处理

轴类零件应根据不同工作条件和使用要求选用不同的材料和不同的热处理方式，以获得一定的强度、韧性和耐磨性。

（一）轴类零件的材料

一般轴类零件常选用 45 钢，经过调质可得到较好的切削性能，而且能获得较高的强度和韧性等综合力学性能。重要表面经局部淬火后再回火，表面硬度可达 $45 \sim 52$HRC。

中等精度而转速较高的轴可选用 40Cr 等合金结构钢，经调质和表面淬火处理后，具有较好的综合力学性能。精度较高的轴，可用轴承钢 GCr15 和弹簧钢 65Mn，经调质和表面高频感应淬火后再回火，表面硬度可达 $50 \sim 58$HRC，并具有较高的耐疲劳性能和耐磨性。

高转速、重载荷等条件下工作的轴，可选用 20CrMnTi、20MnZB、20Cr 等低碳合金钢或 38CrMoAlA 渗氮钢。低碳合金钢经正火和渗碳淬火后可获得很高的表面硬度、较软的芯部，因此耐冲击韧性好，但热处理变形大。而对于渗氮钢，由于渗氮温度比淬火低，经调质和表面渗氮后，变形小而硬度高，具有很好的耐磨性和耐疲劳强度。

（二）轴类零件的热处理

轴的性能除与所选钢材种类有关外，还与热处理有关。轴的锻造毛坯在机械加工之前，均须进行正火或退火处理，使钢材的晶粒细化（或球化），以消除锻造后的残余应力，降低毛坯硬度，改善切削加工性能。

凡要求局部表面淬火以提高表面耐磨性的轴，须在淬火前安排调质处理（有的采用正火）。当毛坯加工余量较大时，调质放在粗车之后、半精车之前，使粗加工产生的残余应力能在调质时消除；当毛坯余量较小时，调质可安排在粗车之前进行。表面淬火一般放在精加工之前，可保证淬火引起的局部变形在精加工中得以纠正。

对于精度要求较高的轴，在局部淬火和粗磨后，还须安排低温时效处理，以消除淬火及磨削中产生的残余奥氏体和残余应力，控制尺寸稳定；对于整体淬火的精密轴，在淬火粗磨后，要经过较长时间的低温时效处理；对于精度更高的轴，在淬火之后，还要采用冰冷处理的方法进行定性处理，以进一步消除加工应力，保持轴的精度。

第二节　轴类零件加工技术及应用

轴类零件的加工表面主要是内、外圆柱面，内、外圆锥面，螺纹，花键和沟槽等，通常采用车削、磨削等方法加工。

一、车削加工技术及应用

车削加工（Turning Processing）就是在车床上利用工件的旋转运动和刀具的直线运动来改变毛坯的形状和尺寸。

车削加工工艺特点：

第一，加工精度较高。对于轴、套、盘类零件，由于各加工面具有同一回转轴线，并与车床主轴回转轴线重合，可在一次装夹中加工出不同直径的外圆、内孔和端面，可保证各加工面间的同轴度和垂直度等。

第二，适用于有色金属工件的精加工。对精度较高、表面粗糙度值较小的有色金属工件，若采用磨削，易堵塞砂轮，较难加工。若用金刚石车刀以小的背吃刀量和进给量、高的切削速度进行精车，公差等级可达 IT6 ～ IT5，表面粗糙度 R_a 值可达 $0.4 ～ 0.2\,\mu m$。

第三，生产率高。多数车削过程是连续的，切削层公称横截面积不变（不考虑毛坯余量不均），切削力变化小，切削过程平稳，可采用高速切削；另外，车床的工艺系统及刀杆刚度好，可采用较大的背吃刀量和进给量，如强力切削等。

第四，生产成本较低。车刀结构简单，制造、刃磨和安装都比较方便。另外，许多夹具已作为附件生产，使生产准备时间缩短，从而降低成本。

第五，适应性好。车削加工适应于多种材料、多种表面、多种尺寸和多种精度，加工范围广，在各种生产类型中是不可缺少的加工方法，在机械工业中占有非常重要的地位和作用。

（一）车床

1. 车床的功能

车床（lathe）是主要用车刀对旋转的工件进行车削加工的机床。车床适用于加工各种轴类、套筒类和盘类等回转体零件上的回转表面，如内外圆柱面、内外圆锥面、成形回转表面，还可车削端面及各种常用螺纹，还可以进行钻孔、扩孔、铰孔、滚花等工作。在机械加工的各类机床中，车床要占总数的约 1/2。

2. 车床类型

按照用途和功能不同，车床主要分为以下几种类型：

（1）卧式车床及落地车床。

（2）立式车床。

（3）六角车床。

（4）多刀半自动车床。

（5）仿形车床及仿形半自动车床。

（6）单轴自动车床。

（7）多轴自动车床及多轴半自动车床。

此外，还有各种专门化车床，如凸轮车床、曲轴车床、高精度丝杠车床等。在所有车床中，以卧式车床应用最为广泛。

3. CA6140 型卧式车床的传动系统

整个传动系统由主运动传动链、车螺纹传动链、纵向进给运动传动链、横向进给运动传动链及刀架快速移动传动链五个部分组成。

（1）主运动传动链

CA6140 型卧式车床的主运动是主轴的旋转运动，其传动链是主电动机至主轴之间的传动联系。

（2）车螺纹传动链

CA6140 型卧式车床可车削米制、模数制、英制和径节制四种标准螺纹，另外还可加工大导程螺纹、非标准螺纹及较精密螺纹。

车螺纹时，传动链两端主轴与刀架之间必须保证严格的运动关系，即主轴转一转，刀架带动车刀必须准确地移动一个被加工螺纹的导程。

（3）纵向和横向进给运动传动链

车外圆、端面时，进给运动是刀架的纵向、横向直线移动。纵向、横向进给运动传动链的两端件也是主轴与刀架，它们的运动关系是：主轴转一周，刀架纵向或横向移动一个进给量。

（4）刀架的快速移动

在加工过程的空行程阶段，为了提高工作效率，刀架在纵、横向应做快速移动。

（二）车刀

车刀（lathe tool）是金属切削加工中应用最广的一种刀具，它可在各类车床上加工外圆、内孔、倒角、切槽与切断、车螺纹以及其他成形面。

1. 刀具几何参数的选择

刀具的几何参数包括刀具角度、刀面的结构和形状、切削刃形式等。刀具合理几何参数是指在保证加工质量的条件下，获得最高耐用度的几何参数。

2. 车刀类型与选用

（1）车刀的类型

车刀的类型很多，既可按用途分，也可按刀具结构分，还可按材料分。

（2）车刀的材料及选用

刀具材料主要指刀具切削部分的材料。刀具切削性能的优劣，直接影响着生产效率、加工质量和生产成本。而刀具的切削性能，首先取决于切削部分的材料，其次是几何形状及刀具结构的选择和设计是否合理。因此，要合理选择刀具材料。

①刀具材料的种类

刀具切削部分材料主要有碳素工具钢、合金工具钢、高速钢、硬质合金、陶瓷、立方氮化硼和金刚石等。

②刀具材料的选用

碳素工具钢与合金工具钢耐热性差，但抗弯强度高，焊接与刃磨性能好，故广泛用于中、低速切削的成形刀具，只宜做手工刀具，不宜高速切削。陶瓷、金刚石和立方氮化硼，由于质脆、工艺性差及价格昂贵等，仅在较小的范围内使用。

（3）刀杆截面形状和尺寸的选用

车刀刀杆截面形状有矩形、方形和圆形三种。一般用矩形，切削力较大时采用方形，圆形多用于内孔车刀。

3. 安装车刀

车刀安装得是否正确，直接影响切削的顺利进行和工件的加工质量，即使刃磨了合理的切削角度，如果不正确安装，也会改变车刀的实际工作角度。所以，在安装车刀时，必须注意以下几点：

（1）将刀架位置转正后用手柄锁紧。

（2）将刀架装刀面和车刀刀柄底面擦清。

（3）车刀安装在刀架上，其伸出长度不宜太长，在不影响观察的前提下，应尽量伸出短些。否则切削时刀杆刚性相对减弱，容易产生震动，使车出来的工件表面不光洁，甚至使车刀损坏。车刀伸出的长度约等于刀杆厚度的1.5倍。车刀下面的垫片要平整，垫片应跟刀架对齐，而且垫片的片数要尽量少，以防止产生震动。

（4）刀尖应装得跟工件中心线一样高。车刀装得太高，会使车刀的实际后角减小，车刀后面与工件之间的摩擦增大；车刀装得太低，会使车刀的实际前角减小，切削不顺利。

（5）安装车刀时，刀杆轴线应跟工件表面垂直，否则会使主偏角和副偏角的数值发生变化。

（6）车刀至少要用两个螺钉压紧在刀架上，并轮流逐个拧紧。拧紧时不得用力过大而使螺钉损坏。

（三）车床附件与工件装夹

工件装夹就是将工件在机床或夹具中定位、夹紧的过程。机床附件是用来支承、装夹工件的装置，通常称夹具。在车床上可以采用以下几种工件装夹方法：

1. 使用卡盘装夹工件

（1）用三爪自定心卡盘装夹工件

三爪卡盘是用法兰盘安装在车床主轴上的。它的特点是对中性好，能自动定心，定心精度可达0.05～0.15mm。它可装成正爪和反爪。用正爪装夹工件时，可以装夹直径较小的、表面光滑的圆柱形或六角形等工件。当装夹直径较大的外圆工件时可用二个反爪进行。装夹较人的空心工件车外圆时，可使三个卡爪做离心移动，撑住工件内孔后车削。

三爪卡盘一般不需找正，装夹工件方便、省时，但夹紧力不太大，只适用于装夹外形规则的中、小型工件，如圆柱形、正三边形、正六边形等工件。

用三爪自定心卡盘装夹工件时为确保安全，应将主轴变速手柄置于空挡位置。装夹工件时，右手持稳工件，使工件轴线与卡爪保持平行，左手转动卡盘扳手，将卡爪拧紧。用三爪卡盘装夹已经过精加工的表面时，装夹工件表面应包一层铜皮，以免夹毛工件表面。

三爪卡盘虽能自动定心，但是在装夹稍长的工件或加工同轴度要求较高的工件时，要用划针盘或目测法校正。将划针尖靠近轴端外圆，左手转动卡盘，右手移动划线盘，使针尖与外圆的最高点刚好未接触到，然后目测外圆与划针尖之间的间隙变化，当出现最大间隙时，用锤子将工件轻轻向划针方向敲击，要求间隙缩小约1/2；再重复检查和找正，直至跳动量小于加工余量时为止。操作熟练时，可用目测法进行找正。工件找正后，用力夹紧。

（2）用四爪卡盘装夹工件

四爪卡盘的四个爪通过四个螺杆独立移动。在四爪卡盘上装夹工件，由于其装夹后不能自动定心，所以每次都必须仔细找正工件的位置，使工件的旋转中心跟车床主轴的旋转中心重合后才能车削。其优点是夹紧力大，能装夹大型或形状不规则的工件；缺点是找正比较麻烦，装夹效率较低。

使用四爪卡盘装夹时找正工件的方法如下：

①用划针盘找正外圆

找正前应做好安全预防措施：在车床导轨上放一木板，以防工件掉下敲坏导轨面。大工件除了放木板以外，还应用尾座活顶针通过辅助工具顶住工件，谨防工件在找正时掉下产生事故。找正时，先使划针稍离工件外圆，慢慢旋转卡盘，观察工件表面跟针尖之间间隙的大小，然后根据间隙的差异来调整相对卡爪的位置，其调整量约为间隙差异值的一半。经过几次调整，直到工件旋转一周，针尖跟工件表面距离均等为止。在找正极小的径向跳动时，不要盲目地去松开卡爪，用将工件高的那个卡爪向下压的方法来做微小的调整。在加工较长的工件时，必须找正工件的前端和后端外圆。

②在找正短工件时

除找正外圆外，还必须找正端面。找正端面时，把划针尖放在工件平面近边缘处慢慢转动工件，观察平面上哪一处离针尖最近，然后用铜锤或木槌轻轻敲击，直到平面各处与针尖距离相等为止。在找正整个工件时，平面和外圆必须同时兼顾。尤其是在加工余量较少的情况下，应着重注意找正余量少的部分，否则会造成毛坯车不出而产生废品。

③在四爪卡盘上找正精度较高的工件时

可用百分表来代替划针盘。用百分表找正工件，径向跳动和端面跳动在千分表上就可显示出来，用这种方法找正工件，精度可达 0.01mm 以内。在找正外圆时，应先找正近卡盘的一端，再找正外端。

2. 用双顶尖装夹工件

双顶尖装夹工件，虽经多次安装，轴心线的位置不会改变，无须找正，装夹精度高。顶尖的作用是定中心、承受工件的质量和切削力。顶尖分前顶尖和后顶尖两类。

（1）前顶尖

插在主轴锥孔内与主轴一起旋转的叫前顶尖。前顶尖随同工件一起转动，与中心孔无相对运动，不发生摩擦。使用时须卸下卡盘，换上拨盘来带动工件旋转。插入主轴孔的前顶尖在每次安装时，必须把锥柄和锥孔擦干净，以保证同轴度。拆下顶尖时可用一根棒料从主轴孔后稍用力顶出。

有时为了操作方便和确保精度，也可以在三爪自定心卡盘上夹一段钢材，车成 60° 顶尖来代替前顶尖。此前顶尖在卡盘上拆下后，当再应用时，必须将锥面再车一刀，以保证顶尖锥面旋转轴线与车床主轴旋转轴线重合。三爪自定心卡盘装夹顶尖，卡盘还起到了拨盘带动工件旋转的作用。

（2）后顶尖

插入车床尾座套筒内的叫后顶尖。后顶尖又分固定顶尖和回转顶尖两种。

在车削中，固定顶尖与工件中心孔产生滑动摩擦而产生高热。在高速切削时，碳钢顶尖和高速钢顶尖往往会退火。因此目前常使用镶硬质合金的顶尖。

固定顶尖的优点是定心正确而刚性好；缺点是工件和顶尖是滑动摩擦，发热较大，过热时会把中心孔或顶尖"烧坏"，因此它适用于低速加工精度要求较高的工件。

为了避免后顶尖与工件中心孔摩擦，常使用回转顶尖，这种顶尖把顶尖与工件中心孔的滑动摩擦改成顶尖内部轴承的滚动摩擦，能承受很高的旋转速度，克服了固定顶尖的缺点，目前应用很广。但回转顶尖存在一定的装配累积误差，以及当滚动轴承磨损后，会使顶尖产生径向摆动，从而降低加工精度。

后顶尖安装之前，必须把锥柄和锥孔擦干净。要拆下后顶尖时，可以摇动尾座手轮，使尾座套筒缩回，由丝杠的前端将后顶尖顶出。

（3）用双顶尖安装工件

在实心轴两端钻中心孔、在空心轴两端安装带中心孔的锥堵或锥套心轴，用前、后顶尖顶两端中心孔的工件安装方式。工件利用中心孔被顶在前后顶尖之间，并通过拨盘和卡箍（鸡心夹头）随主轴一起转动。此时定位基准与设计基准统一，能在一次装夹中加工多处外圆和端面，并可保证各外圆轴线的同轴度以及端面与轴线的垂直度要求，是车削、磨削加工中常用的工件装夹方法。

（四）车削加工技术

1.端面车削技术

（1）启动机床前做安全检查。用手转动卡盘一周，检查有无碰撞处。

（2）选用和装夹端面车刀。常用端面车刀有 45°和 90°车刀。用 45°车刀车端面，刀尖强度较好，车刀不容易损坏。用 90°车刀车端面时，由于刀尖强度较差，常用于精车端面。车端面时要求车刀刀尖严格对准工件中心，高于或低于工件中心都会使端面中心处留有凸台，并损坏车刀刀尖。

（3）车端面的操作步骤

①移动床鞍和中滑板，使车刀靠近工件端面后，将床鞍上螺钉扳紧，使床鞍位置固定。

②测量毛坯长度，确定端面应车去的余量，一般先车的一面尽可能少车，其余余量在另一面车。车端面前可先倒角，尤其是铸件表面有一层硬皮，如先倒角可以防止刀尖损坏。

③双手摇动中滑板手柄车端面，手动进给速度要保持均匀。当车刀刀尖车到端面中心时，车刀即退回。如精加工的端面，要防止车刀横向退出时将端面拉毛，可向后移动小滑板，使车刀离开端面后再横向退刀。车端面背吃刀量，可用小滑板刻度盘控制。

④用钢直尺或刀口直尺检查端面直线度。

2.外圆车削技术

（1）选用外圆车刀

外圆车刀主要有：45°、75°和 90°外圆车刀。45°外圆车刀用于车外圆、端面和倒角，75°外圆车刀用于粗车外圆，90°外圆车刀用于车细长轴外圆或有垂直台阶的外圆。

（2）车外圆的操作

①检查毛坯直径，根据加工余量确定进给次数和背吃刀量。

②划线痕，确定车削长度。先在工件上用粉笔涂色，然后用内卡钳在钢直尺上量取尺寸后，在工件上划出加工线。

③车外圆要准确地控制背吃刀量，这样才能保证外圆的尺寸公差。通常采用试切削方法来控制背吃刀量。

④手动进给车外圆的操作方法。操作者应站在床鞍手轮的右侧，双手交替摇动手轮，

手动进给速度要求均匀。当车削长度到达线痕标记处时，停止进给，摇动中滑板手柄，退出车刀，床鞍快速移动回复到原位。

⑤倒角。当工件精车完毕，外圆与端面交界处的锐边要用倒角的方法去除。倒角用45°车刀最方便。

3．台阶轴车削技术

车台阶轴时，既要车外圆，又要车环形端面，因此既要保证外圆尺寸精度，又要保证台阶长度尺寸。车削各外圆，直径尺寸可利用中滑板刻度盘来控制，与车削外圆方法相同。

（1）车削相邻阶梯直径相差不大的台阶时

可用 90°偏刀车外圆，利用车削外圆进给到所控制的台阶长度终点位置，自然得到台阶面。用这种方法车台阶时，车刀安装后的主偏角必须等于 90°。

（2）控制台阶长度的方法

准确地控制被车台阶的长度是台阶轴车削的关键。控制台阶长度的方法有多种。

①用刻线控制

一般选最小直径圆柱的端面作为统一的测量基准，用钢直尺、样板或内卡钳量出各个台阶的长度；然后使工件慢转，用车刀刀尖在量出的各个台阶位置处，轻轻车出一条细线；之后车削各个台阶时，就按这些刻线控制其长度。

②用挡铁定位

在车削数量较多的台阶轴时，为了迅速、正确地掌握台阶的长度，可以采用挡铁定位来控制被车台阶的长度。用这种定位方法控制台阶的长度准确。

③用床鞍刻度控制

台阶长度尺寸也可利用床鞍的刻度盘来控制。

4．切断车削技术

（1）切断的方法

切断的方法有直进法、左右借刀法和反切法。

①直进法切断

车刀横向连续进给，一次将工件切下，操作十分简便，工件材料也比较节省，因此应用最广泛。

②左右借刀法切断

车刀横向和纵向须轮番进给，因费工费料，一般用于机床、工件刚性不足的情况。

③反切法切断

车床主轴反转，车刀反装进行切断，这种方法切削比较平稳，排屑也较顺利，但卡盘必须有保险装置，小滑板转盘上两边的压紧螺母也应锁紧，否则机床容易损坏。

（2）切断刀的安装

①切断刀伸出长度

切断刀不宜伸出过长，主切削刃要对准工件中心，高或低于中心，都不能切到工件中心。如用硬质合金切断刀，中心高或低则都会使刀刃崩裂。

②装刀时检查两侧副偏角

检查切断刀两侧副偏角的方法有两种：一种是将90°角尺靠在工件已加工外圆上检查。另一种方法是，如外圆为毛坯则可将副切削刃紧靠在已加工端面上，刀尖与端面接触，副切削刃与端面间有倾斜间隙，要求间隙最大处约0.5mm。两副偏角基本相等后，可将车刀紧固。

5.螺纹车削技术

在机械行业中，许多零件都具有螺纹。螺纹在机械零件中，通常具有连接、传动、坚固、测量零件等几种用途。

螺纹的种类很多，按用途可分为连接螺纹和传动螺纹，按牙形可分为三角形螺纹、矩形螺纹、梯形螺纹、锯齿形螺纹和圆弧形螺纹等，按螺旋线方向分为左旋螺纹和右旋螺纹，按螺纹线线数分为单线螺纹和多线螺纹，按螺纹母体形状可分为圆柱螺纹和圆锥螺纹。

目前主要分成两大类：标准螺纹、特殊螺纹和非标准螺纹。标准螺纹具有较高的通用性及互换性，应用比较普遍；而特殊螺纹和非标准螺纹则较少采用，主要是根据实际需要应用在一些特殊机构里。

常见螺纹的加工方法有：车削螺纹、攻螺纹、套螺纹、滚压螺纹、铣削螺纹和磨削螺纹。本部分主要研究螺纹的车削方法。

（1）螺纹基本要素及尺寸计算

①螺纹要素及标准螺纹代号

螺纹要素主要有：牙形、外径、螺距（或导程）、头数、精度和旋向。螺纹的形状、尺寸及配合性能都取决于螺纹要素，只有当内外螺纹的各个要素相同，才能互相配合。因此，加工螺纹，必须首先了解螺纹的各个要素。

标准螺纹的各个要素是用代号表示的。按国家标准，其顺序如下：牙型、外径 × 螺距（或导程 / 头数）—精度等级、旋向（可查阅相关标准）。国家标准规定：螺纹外径和螺距由数字表示。细牙普通螺纹、梯形螺纹和锯齿形螺纹必须加注螺距（其他螺纹不注）。多头螺纹在外径后面需要注"导程 / 头数"（单头螺纹不注）。左旋螺纹必须注出"左"字（右旋螺纹不注）。管螺纹的名义尺寸，由管螺纹所在管子孔径决定。（各种标准螺纹的规定代号及具体示例可查阅相关资料或手册。）

特殊螺纹和非标准螺纹没有规定的代号，螺纹各要素一般都标注在零件图纸上。

②普通螺纹的基本牙形和尺寸计算

三角形螺纹因其规格及用途不同，分普通螺纹、英制螺纹和管螺纹（包括 55° 密封管螺纹、55° 非密封管螺纹和 60° 圆锥管螺纹）三种。

普通螺纹是我国应用最广泛的一种三角形螺纹，牙型角为 60°，普通螺纹的基本牙型在螺纹的轴截面上，在原始的等边三角形基础上，削去顶部和底部所形成的螺纹牙型。

螺纹各部分尺寸的计算在螺纹加工前，必须按工件的要求，计算螺纹的各部分尺寸，这是能否按规定要求车好螺纹的一个前提。

（2）车三角（普通）螺纹

①高速钢外螺纹车刀

低速车削或精车螺纹使用高速钢螺纹车刀。

高速钢外螺纹粗车刀：有较大的背前角，刀具容易刃磨。适用于粗车普通螺纹，车削时，应加注切削液。

高速钢外螺纹精车刀。车刀具有 4 ～ 6° 的正前角，前面磨有半径 R=4 ～ 6mm 的圆弧形排屑槽。适用于精车螺纹，车削时，应加注切削液。

②螺纹车刀背前角对牙型角的影响

在实际工作中，用高速钢车刀低速车螺纹时，如果采用背前角心等于零度的车刀，切屑排出困难，就很难把螺纹齿面车光。

可采用磨有 5 ～ 15° 背前角的螺纹车刀，切削比较顺利，并可以减少积屑瘤现象，能车出表面粗糙度较细的螺纹。但是当螺纹车刀有了背前角后，牙型角就会产生变化，这时应用修正刀尖角的办法来补偿牙型角误差。

具有较大背前角的螺纹车刀，除了产生螺纹牙型变形以外，车削时还会产生一个较大的背向切削力。这个力使车刀有向工件里面拉的趋势，如果中滑板丝杠与螺母之间的间隙较大，就会产生"扎刀"（拉刀）现象。

③螺纹车刀的安装

车螺纹时，为了保证牙型正确，对装刀提出了较严格的要求。安装螺纹车刀时，刀尖应与工件中心等高，刀尖角的对称中心线必须垂直于工件轴线。这样车出的螺纹，其两牙型半角相等。如果把车刀装歪，就会产生牙型歪斜。

④三角螺纹车削方法

a. 准备工作

车削螺纹之前，必须根据图纸和工艺要求，有效地选择和刃磨车刀、调整车床、挑选符合要求的工具和量具，以及做好安全等准备工作。按工件螺距调整交换齿轮和进给箱手柄，然后调整主轴转速。用高速钢螺纹车刀车塑性材料时，选择 $12 \sim 150\,\mathrm{r/min}$ 的低速；用硬质合金螺纹车刀车塑性材料时，选择 $480\,\mathrm{r/min}$ 左右的高速。工件螺纹直径小、螺距小时，宜选用较高转速；工件螺纹直径大、螺距大时，宜选用较低转速。

b. 车削方法

车削螺纹时，一般可采用低速车削和高速车削两种方法。低速车削螺纹可获得较高的精度和较细的表面粗糙度，但生产效率很低；高速车削螺纹比低速车削螺纹生产效率可提高 10 倍以上，也可以获得较细的表面粗糙度，因此工厂中已广泛采用。

c. 车螺纹时乱牙的产生及预防

车削螺纹时，一般都要分几次进给才能完成。当第一次进给行程完毕后，如果退刀时采取打开开合螺母的方法，在车刀退到原来位置按下开合螺母再次进给时，车刀刀尖可能不在前一次工作行程的螺旋槽内，而是偏左、偏右或在牙顶中间，使螺纹车乱，这种现象称为乱牙。产生乱牙的原因主要是，工件转数不是车床丝杠转数的整数转。

6. 圆锥面（conical surface）车削技术

在机床与工装中，圆锥面（conical surface）配合应用得很广泛。例如，车床主轴锥孔与顶尖锥体的结合，车床尾座套筒锥孔与麻花钻、铰刀及回转顶尖等锥柄的结合等。

圆锥面配合获得广泛应用的主要原因如下：

当圆锥面的锥角较小时，可传递很大的转矩。

装卸方便，虽经多次装卸，仍能保证精确的定心作用。

圆锥面配合同轴度较高，并能做到无间隙配合。

圆锥面的车削与外圆车削所不同的是除了对尺寸精度、形位精度和表面粗糙度要求外，还有角度或锥度的精度要求。

（1）圆锥的基本参数和标准圆锥。

①圆锥的 4 个基本参数

最大圆锥直径、最小圆锥直径、圆锥长度、圆锥半角或锥度圆锥。

②圆锥的表示方法

由于设计基准、测量方法等要求不同，在图样中圆锥的标注方法也不一致，在圆锥的 4 个基本参数中，只要知道任意 3 个参数，即可计算出另外 1 个未知参数。

③标准圆锥

为了使用方便和降低生产成本，常用的工具、刀具上的圆锥都已标准化。圆锥的各部分尺寸，可按照规定的几个号码来制造。使用时只要号码相同，就能互配。标准工具圆锥已在国际上通用，只要符合标准圆锥都能达到互配性要求。

（2）圆锥面车削技术

在车床上车削圆锥面的方法主要有以下几种：

①转动小滑板法

车削长度较短、锥度较大的圆锥体或圆锥孔时，可以使用转动小滑板的方法。这种方法操作简便，并能保证一定的车削精度，适用于单件或小批量生产，是一种应用广泛的车削方法。

找正小滑板角度方法。根据小滑板上的角度来确定锥度，精度是不高的，当车削标准锥度和较小角度时，一般可用锥度量规，用涂色检验接触面的方法，逐步找正小滑板所转动的角度。车削角度较大的圆锥面时，可用角度样板或用游标万能角度尺检验找正。

如果车削的圆锥工件已有样件时，这时可用百分表找正小滑板应转的角度。先把样件装夹于两顶尖间（车床主轴轴线应与尾座套筒轴线同轴），然后在方刀架上装一只百分表，把小滑板转动一个所需的圆锥半角，把百分表的测量头垂直接触在样件上（必须对准中心）。移动小滑板，观察百分表指针摆动情况。若指针摆动为零，说明小滑板应转角度已找正。

车削配套圆锥面方法。若工件数量很少时。车削时，先把外锥体车削正确，这时不要变动小滑板的角度，只须把车孔刀反装，使切削刃向下，主轴仍然正转，即可车削圆锥孔。由于小滑板角度不变，因此可以获得正确的圆锥配合表面。

对于左右对称的圆锥孔工件，一般也可以用上述方法来保证精度。先把外端圆锥孔车削正确，不变动小滑板的角度，把车刀反装，摇向对面再车削里面一个圆锥孔。这种方法加工方便，不但能使两对称圆锥孔锥度相等，而且工件不需卸下，所以两锥孔可获得很高的同轴度。

转动小滑板车削圆锥面，不能机动进给而只能手动进给车削，劳动强度大，工件表面粗糙度难控制。同时工件锥度受小滑板行程的限制，只能车削较短的圆锥工件。

②偏移尾座法

对于长度较长，锥度较小的圆锥体工件，可将工件装夹在两顶尖间，采用偏移尾座的车削方法。该车削方法可以机动进给车削圆锥面，劳动强度小，车出的锥体表面粗糙度值小，但因受尾座偏移量的限制，不能车锥度很大的工件。

应用尾座下层的刻度值控制偏移量，在移动尾座上层零线所对准的下层刻线上读出偏移量。采用这种方法比较简单，但由于标出的刻度值是以 mm 为单位的，很难一次准确地将偏移量调整精确。

应用百分表控制偏移量，方法是把百分表固定在刀架上，使百分表的测量头垂直接触尾座套筒，并与机床中心等高，调整百分表指针至零位，然后偏移尾座，偏移值就能从百分表上具体读出，然后将尾座固定。

应用锥度量棒或样件控制偏移量，方法是把锥度量棒或样件装夹在两顶尖间，并把百分表固定在刀架上，使测量头垂直接触量棒或样件的圆锥素线，并与机床中心等高，再偏移尾座，纵向移动床鞍，观察百分表指针在圆锥两端的读数是否一致。如读数不一致，再调整尾座位置，直至两端读数一致为止。这种方法找正锥度操作简便，而且精度较高。但应注意，所用的量棒或样件的总长度应等于被车削工件的长度，否则找正的锥度是不正确的。

③宽刃车削法

车削时，锁紧床鞍，开始滑板进给速度略快，随着切削刃接触面的增加而逐渐减慢，当车到尺寸时车刀应稍做停留，使圆锥面粗糙度值减小。

④靠模法车削

对于长度较长、精度要求较高的锥体，一般采用靠模法车削。靠模装置能使车刀在做纵向进给的同时，还做横向进给，从而使车刀的移动轨迹与被加工零件的圆锥素线平行。

7. 细长轴车削技术

工件长度与直径之比一般大于 25 倍，称为细长轴。细长轴因本身刚性较差，当受到切削力时，会引起弯曲、振动，加工起来很困难。值越大，加工就越困难。因此，在车削细长轴时要使用中心架和跟刀架来增加工件的刚性。

（1）中心架及其使用方法

为了防止卡爪拉毛工件的表面，中心架三个卡爪的前端镶有铸铁、青铜（或夹布胶木和尼龙 1010）等材料，这些材料摩擦系数较小，不易跟工件咬合。其中用青铜和尼龙 1010 制成的卡爪，使用效果更好。中心架有以下三种使用方法：

①中心架直接安装在工件的中间

在工件装上中心架之前，必须在毛坯中间车一段安装中心架卡爪的沟槽，槽的直径比工件最后尺寸略大一些（以便精车）。车这条沟槽时吃刀深度、走刀量必须选得很小，主轴转速亦不能开得很快，车好后用砂布打光。调整中心时必须先调整下面两个爪，然而把盖子盖好固定，最后调整上面一个爪。

车削时，卡爪与工件接触处应经常加润滑油。为了使卡爪与工件保持良好的接触，也可以在卡爪与工件之间加一层砂布或研磨剂，使接触更好。

②用过渡套筒安装中心架

上面第一种方法，中心架的卡爪直接跟工件接触。因此，在工件上必须先车出搭中心架的沟槽。在细长轴中间要车削这样一条沟槽也是比较困难的。为了解决这个问题，可以用过渡套筒安装细长轴的办法，使卡爪不直接跟毛坯接触，而使卡爪与过渡套筒的外表面接触，过渡套筒的两端各装有 4 个螺钉，用这些螺钉夹住毛坯工件，并调整套筒外圆的轴线与主轴旋转轴线相重合。

在刀架上安装一个千分表，把过渡套筒套在工件上，用螺钉调整中心。转动工件，观察千分表跳动情况，逐步调整，并紧固四周螺钉。

③一端夹住一端搭中心架

车削长轴的端面、钻中心孔，和车削较长套筒的内孔、内螺纹时，都可用一端夹住一端搭中心架的方法。这种方法使用范围广泛，应用的机会很多。

调整中心架时，工件轴心线必须与车床轴心线同轴，否则，在端面上钻中心孔时，会把中心钻折断；会产生锥度，如果中心偏斜严重，工件转动时产生扭动，工件很快从三爪卡盘上掉下来，并把工件外圆表面夹伤。

（2）跟刀架及其使用方法

对不适宜掉头车削的细长轴，不能用中心架支承，而要用跟刀架支承进行车削，以增加工件的刚性。跟刀架固定在床鞍上，可以随车刀移动，抵消径向切削力，增加工件刚性，减小变形。

二、磨削加工技术及应用

磨削是一种比较精密的金属加工方法，经过磨削的零件有很高的精度和很小的表面粗糙度值。例如，目前用高精度外圆磨床磨削的外圆表面，其圆度公差可达到 0.001 mm 左右；其表面粗糙度 R_a 达到 0.025 μm，表面光滑似镜；曲轴经精磨加工的轴颈表面光滑。

磨削加工的工艺范围非常广泛，能完成各种零件的精加工，主要有外圆磨削、内圆磨削、平面磨削、螺纹磨削、刀具刃磨、齿轮磨削、曲轴磨削、成形面磨削、工具磨削等。磨削使用的磨具主要是砂轮，它以极高的圆周速度磨削工件，并能加工各种高硬度材料的工件。

（一）磨床

1. 磨床功能

磨床是用磨料磨具（砂轮、砂带、油石或研磨料等）对工件表面进行磨削加工的机床，是为适应精加工和硬表面加工的要求而发展起来的，其加工精度可达 IT6 ～ IT5，表面粗糙度大，可达 0.8 ～ 0.2 μm。

磨床可以加工各种表面，如内、外圆柱面和圆锥面，平面，螺旋面，渐开线齿廓面以及各种成形表面等，还可以刃磨刀具，应用范围非常广泛。

2. 磨床种类

磨床的种类很多，其中主要类型有以下几种：

（1）外圆磨床

包括万能外圆磨床、普通外圆磨床、无心外圆磨床等，主要用于磨削圆柱形和圆锥形外表面。

（2）内圆磨床

包括普通内圆磨床、行星内圆磨床、无心内圆磨床等，主要用于磨削圆柱形和圆锥形内表面。

（3）平面磨床

包括卧轴矩台平面磨床、立轴矩台平面磨床、卧轴圆台平面磨床、立轴圆台平面磨床等，主要用于磨削工件的平面。

（4）刀具刃磨磨床

包括万能工具磨床、拉刀刃磨床、滚刀刃磨床等。

（5）工具磨床

包括工具曲线磨床、钻头沟槽磨床等，用于磨削各种工具。

（6）专门化磨床

包括花键轴磨床、曲轴磨床、齿轮磨床、螺纹磨床等。

（7）其他磨床

包括布磨机、研磨机、砂带磨床、砂轮机等。

生产中应用最多的是外圆磨床、内圆磨床、平面磨床。

3.M1432A 型万能外圆磨床

（1）M1432A 型万能外圆磨床的用途

M1432A 型机床是普通精度级万能外圆磨床，加工精度为 IT6～IT7 级，表面粗糙度 R_a 为 1.25～0.08μm，主要用于内外圆柱表面、内外圆锥表面的精加工，也可用于磨削阶梯轴的轴肩、端面、圆角等；其主参数最大磨削外圆直径为 320mm。这种机床的工艺范围广（万能性强），但自动化程度不高，生产效率较低，适用于工具车间、维修车间和单件小批生产。

（2）M1432A 型万能外圆磨床的组成

它由下列主要部件组成：

①床身

是磨床的基础支承件，在它的上面装有砂轮架、工作台、头架、尾座及横向滑鞍等部件，使这些部件在工作时保持准确的相对位置。床身内部装有液压缸及其他液压元件，用来驱动工作台和滑鞍的移动。

②头架

用于装夹工件，并带动其旋转，可在水平面内逆时针方向转动90°。头架主轴通过顶尖或卡盘装夹工件，它的回转精度和刚度直接影响工件的加工精度。

③工作台

由上下两层组成，上工作台可相对于下工作台在水平面内转动很小的角度（±10°），用以磨削锥度不大的长圆锥面。上工作台顶面装有头架和尾座，它们随工作台一起沿床身导轨做纵向往复运动。

④内磨装置

用于支承磨内孔的砂轮主轴部件，其主轴由单独的电动机驱动。

⑤砂轮架

用于支承并传动砂轮主轴高速旋转。砂轮架装在横向滑鞍上，当须磨削短圆锥面时，砂轮架可在水平面内调整至一定角度位置（±30°）。

⑥滑鞍及横向进给机构

转动横向进给手轮，可以使横向进给机构带动滑鞍及砂轮架做横向进给运动，也可利用液压装置使砂轮架做快速进退或周期性自动切入进给。

⑦尾座

尾座的功用是利用安装在尾座套筒上的顶尖（后顶尖），与头架主轴上的前顶尖一起支承工件，使工件实现准确定位。尾座利用弹簧力顶紧工件，以实现磨削过程中工件因热膨胀而伸长时的自动补偿，避免引起工件的弯曲变形和顶尖孔的过度磨损。尾座套筒的退回可以手动，也可以液压驱动。

（3）M1432A 型万能外圆磨床的运动

机床还具有两个辅助运动：为装卸和测量工件方便所需的砂轮架横向快速进退运动，为装卸工件所需的尾座套筒伸缩移动。

（4）M1432A 型万能外圆磨床的传动系统

M1432A 型万能外圆磨床传动系统图。工件（工作台）往复纵向进给运动、砂轮架快速进退和自动周期进给以及尾座套筒伸缩均采用液压传动，其余则为机械传动。

（二）砂轮

1. 砂轮的组成及使用

砂轮是磨削的切削刀具，它是用磨料和结合剂等经压坯、干燥和焙烧而制成的中央有通孔的圆形固结磨具。砂轮使用时高速旋转，适于加工各种金属和非金属材料。砂轮的种类繁多，不同砂轮可分别对工件的外圆、内圆、平面和各种型面等进行粗磨、半精磨、精磨，以及切断和开槽等。砂轮的特性取决于磨料、粒度、结合剂、硬度和组织五个参数。

（1）磨料

磨料即砂粒，是砂轮的基本材料，直接承受磨削时的切削热和切削力，必须锋利并具有高的硬度、耐磨性、耐热性和一定的韧性。

（2）粒度

粒度是指磨料颗粒尺寸的大小。粒度分为磨粒和微粉两类。对于颗粒尺寸大于 40μm 的磨料，称为磨粒。用筛选法分级，粒度号以磨粒通过的筛网上每英寸长度内的孔眼数来表示，如 60 号的磨粒表示其大小刚好能通过每英寸长度上有 60 个孔眼的筛网。对于颗粒尺寸小于 40μm 的磨料，称为微粉。用显微测量法分级，用 W 和后面的数字表示粒度号，其 W 后的数值代表微粉的实际尺寸，如 W20 表示微粉的实际尺寸为 20μm。

砂轮的粒度对磨削表面的粗糙度和磨削效率影响很大。磨粒粗，磨削深度大，生产率高，但表面粗糙度值大。反之，则磨削深度均匀，表面粗糙度值小。所以粗磨时，一般选粗粒度，精磨时选细粒度。磨软金属时，多选用粗磨粒，磨削脆而硬的材料时，则选用较细的磨粒。

（3）结合剂

结合剂是用来固结磨粒形成磨具的材料。砂轮的强度、抗冲击性、耐热性及耐腐蚀性，主要取决于结合剂的种类和性质。

（4）硬度

砂轮硬度是指砂轮工作时，磨料在外力作用下脱落的难易程度。砂轮硬，表示磨料难以脱落；砂轮软，表示磨料容易脱落。

砂轮硬度的选用原则是：工件材料硬，砂轮硬度应选用软一些，以便砂轮磨钝磨粒及时脱落，露出锋利的新磨粒继续正常磨削；工件材料软，因易于磨削，磨粒不易磨钝，砂轮应选硬一些。但对于有色金属、橡胶、树脂等软材料磨削时，由于切屑容易堵塞砂轮，应选用较软砂轮。粗磨时，应选用较软砂轮；而精磨、成形磨削时，应选用硬一些的砂轮，以保持砂轮的必要形状精度。

（5）组织

砂轮的组织是指组成砂轮的磨粒、结合剂、气孔三部分体积的比例关系。通常以磨粒所占砂轮体积的百分比来分级。砂轮有三种组织状态，即紧密、中等、疏松；细分成 0～14 号，共 15 级。组织号越小，磨粒所占比例越大，砂轮越紧密；反之，组织号越大，磨粒比例越小，砂轮越疏松。

砂轮在高速条件下工作，为了保证安全，在安装前应进行检查，不应有裂纹等缺陷；为了使砂轮工作平稳，使用前应进行动平衡试验。

砂轮工作一定时间后，其表面孔隙会被磨屑堵塞，磨料的锐角会磨钝，原有的几何形状会失真。因此必须修整以恢复切削能力和正确的几何形状。砂轮需用金刚石笔进行修整。

2. 砂轮的代号与用途

砂轮的形状和尺寸是根据磨床类型、加工方法及工件的加工要求来确定的。

3. 砂轮的选择

外圆磨削砂轮可根据工件材料、热处理、加工精度、兼顾粗磨和精磨等情况，查阅刀具手册或相关资料进行选择。

4. 砂轮的安装、修整与平衡

（1）砂轮的安装

万能外圆磨床和平面磨床一般选用平形砂轮，安装与拆卸砂轮均采用专用的套筒扳手。砂轮安装时，砂轮内孔与砂轮轴或法兰盘外圆之间配合不能过紧，否则磨削时受热膨胀，易将砂轮胀裂；也不能过松，否则砂轮容易发生偏心、失去平衡，以致引起震动。一般配合间隙为 0.1～0.8mm，高速砂轮间隙要小些。用法兰盘装夹砂轮时，两个法兰盘直径应相等，其外径应不小于砂轮外径的 1/3。在法兰盘与砂轮端面间应用厚纸板或耐油橡皮等做衬垫，使压力均匀分布，螺母的拧紧力不能过大，否则砂轮会破裂。注意紧固螺纹的旋向，应与砂轮的旋向相反，即当砂轮逆时针旋转时，用右旋螺纹，这样砂轮在磨削力作用下，将带动螺母越旋越紧。

（2）砂轮的修整

在磨削过程中砂轮的磨粒在摩擦、挤压作用下，它的棱角逐渐磨圆变钝；或者在磨韧性材料时，磨屑常常嵌塞在砂轮表面的孔隙中，使砂轮表面堵塞，最后使砂轮丧失切削能力。这时，砂轮与工件之间会产生打滑现象，并可能引起震动和出现噪声，使磨削效率下降，表面粗糙度变差；同时由于磨削力及磨削热的增加，会引起工件变形和影响磨削精度，严重时还会使磨削表面出现烧伤和细小裂纹。此外，由于砂轮硬度的不均匀及磨粒工作条件的不同，使砂轮工作表面磨损不均匀，各部位磨粒脱落多少不等，致使砂轮丧失外形精度，影响工件表面的形状精度及表面粗糙度。凡遇到上述情况，砂轮就必须进行修整，切去表面上一层磨料，使砂轮表面重新露出光整锋利磨粒，一是消除砂轮外形误差，二是修整已磨钝的砂轮表层、恢复砂轮的切削性能。

金刚石具有很高的硬度和耐磨性，是修整砂轮的主要工具。在粗磨和精磨外圆时，一般采用单颗粒金刚石笔对砂轮进行修整。

①车削修整法

以单颗粒金刚石（或以细碎金刚石制成的金刚笔、金刚石修整块）作为刀具车削砂轮，是应用很普遍的修整方法。安装在刀架上的金刚石刀具通常在垂直和水平两个方向各倾斜 5～15°；金刚石与砂轮的接触点应低于砂轮轴线 0.5～2mm，修整时金刚石做均匀的低速进给移动。要求磨削后的表面粗糙度越小，则进给速度越低，如要达到 $R_a0.16～0.04\mu m$ 的表面粗糙度，修整进给速度应低于 50mm/min。修整总量一般为单面 0.1mm 左右，往复修整多次。粗修的切深每次为 0.01～0.03mm，精修则小于 0.01mm。

②用滑板体上的砂轮修整器修整砂轮

磨床在滑板体上装有固定的砂轮修整器，移动磨头，即可对砂轮进行修整。用滑板体上的砂轮修整器修整砂轮，注意金刚石伸出长度要适中，太长会碰到砂轮端面，无法进行修整；太短，由于砂轮修整器套筒移动距离有限，金刚石无法接触砂轮。

砂轮粗修整每次进给 0.02 ~ 0.03 mm，精修整每次进给 0.005 ~ 0.01 mm。其优点是使用方便，金刚石无须经常拆卸；缺点是修整精度低。

③在电磁吸盘上用砂轮修整器修整砂轮

在电磁吸盘上使用的砂轮修整器，其优点是既能修整砂轮外圆，又能修整砂轮端面，而且修整精度较高；缺点是使用不方便，每次修整后要从台面上取下来，由于工件高度与修整器高度一般有一定差距，所以每次修整辅助时间较长。

（3）砂轮的平衡

砂轮在高速旋转条件下工作，使用前应仔细检查，不允许有裂纹，安装必须牢靠，并应经过静平衡调整。因为不平衡的砂轮在高速旋转时会产生震动，影响加工质量和机床精度，严重时还会造成机床损坏和砂轮碎裂，甚至造成人身和质量事故。引起不平衡的原因主要是砂轮各部分密度不均匀、几何形状不对称以及安装偏心等。因此在安装砂轮之前都要进行平衡，砂轮的平衡有静平衡和动平衡两种。一般直径大于 125 mm 的砂轮都要进行平衡，使砂轮的重心与其旋转轴线重合。砂轮的组装与平衡，一般情况下，砂轮只须做静平衡，但在高速磨削（速度大于 50 m/s）和高精度磨削时，必须进行动平衡。

平衡时将砂轮装在平衡心轴上，然后把装好心轴的砂轮平放到平衡架的平衡导轨上，砂轮做来回摆动，直至摆动停止。平衡的砂轮可以在任意位置都静止不动。如果砂轮不平衡，则其较重部分总是转到下面。这时可移动平衡块的位置使其达到平衡。平衡好的砂轮在安装至机床主轴前先要进行裂纹检查，有裂纹的砂轮绝对禁止使用。安装时砂轮和法兰之间应垫上 0.5 ~ 1 mm 的弹性垫板；两个法兰的直径必须相等，其尺寸一般为砂轮直径的一半。砂轮与砂轮轴或台阶法兰间应有一定间隙，以免主轴受热膨胀而把砂轮胀裂。

平衡砂轮的方法是在砂轮法兰盘的环形槽内装入几块平衡块，通过调整平衡块的位置使砂轮重心与它的回转轴线重合。

（三）磨削时工件的装夹

磨削加工精度高，因此工件装夹是否正确、稳固，直接影响工件的加工精度和表面粗糙度。在某些情况下，装夹不正确还会造成事故。

1．用前、后顶尖装夹

用前、后顶尖顶住工件两端的中心孔，中心孔应加入润滑脂，工件由头架拨盘、拨杆和卡箍带动旋转。此方法安装方便、定位精度高，主要用于安装实心轴类工件。

2．用心轴装夹

磨削套筒类零件时，以内孔为定位基准，将零件套在心轴上，心轴再装夹在磨床的前、后顶尖上。

3．用三爪卡盘或四爪卡盘装夹

对于端面上不能打中心孔的短工件，可用三爪卡盘或四爪卡盘装夹。四爪卡盘特别适于夹持表面不规则工件，但校正定位较费时。

4．用卡盘和顶尖装夹

当工件较长，一端能打中心孔，一端不能打中心孔时，可一端用卡盘，一端用顶尖装夹工件。

（四）磨削加工技术

磨削是工件表面精加工的主要方法之一。它既可加工淬硬后的表面，又可加工未经淬火的表面。磨削时，要选择合适的磨削液充分冷却，防止表面烧伤。

1．磨外圆技术

（1）磨外圆方法

①纵磨法

砂轮高速旋转起切削作用，工件旋转做圆周进给运动，并和工作台一起做纵向往复直线进给运动。工作台每往复一次，砂轮沿磨削深度方向完成一次横向进给，每次进给（背吃刀量）都很小，全部磨削余量是在多次往复行程中完成的。当工件磨削接近最终尺寸时（尚有余量 $0.005 \sim 0.01\,\mathrm{mm}$），应无横向进给光磨几次，直到火花消失为止。纵磨法的磨削深度小，磨削力小，磨削温度低，最后几次无横向进给的光磨行程，能消除由机床、工件、夹具弹性变形而产生的误差，所以磨削精度较高，表面粗糙度值小，适合于单件小批生产和细长轴的精磨。

②横磨法

横磨法又称切入法。磨削时，工件不做纵向进给运动，采用比工件被加工表面宽（或等宽）的砂轮连续地或间断地以较慢的速度做横向进给运动，直到磨去全部加工余量。横磨法的生产率高，但砂轮的形状误差直接影响工件的形状精度，所以加工精度较低，而且由于工件与砂轮的接触面积大，磨削力大，磨削温度高，工件容易变形和烧伤，磨削时应使用大量冷却液。磨削力大，发热量大而集中，所以易发生工件变形、烧刀和退火。横磨法主要用于大批量生产，适合磨削长度较短、精度较低的外圆面及两侧都有台肩的轴颈。若将砂轮修整成形，也可直接磨削成形面。

③综合磨法

先采用横磨法对工件外圆表面分段进行粗磨，相邻之间有 5 ~ 15mm 的搭接，每段上留有 0.01 ~ 0.03mm 的精磨余量，然后用纵磨法进行精磨。这种磨削方法综合了横磨法生产率高、纵磨法精度高的优点，适合于磨削加工余量较大、刚性较好的工件。

④深磨法

磨削时，将砂轮的一端外缘修成锥形或台阶形，选择较小的圆周进给速度和纵向进给速度，在工作台一次行程中，将工件的加工余量全部磨除，达到加工要求尺寸。

深磨法的生产率比纵磨法高，加工精度比横磨法高，但修整砂轮较复杂，只适合大批大量生产、刚性较好的工件，而且被加工面两端应有较大的距离方便砂轮切入和切出。

（2）外圆磨削技术

①操作前的准备工作

a. 检查、修研中心孔

用涂色法检查工件上的中心孔，要求中心孔与顶尖的接触面积大于80%。若不符合要求，须进行清理或修研；若符合要求，则应在中心孔内涂抹适量的润滑脂。

b. 找正头架和尾座中心，不允许偏移

移动尾座使尾座顶尖和头架顶尖对准。生产中采用试磨后，检测轴的两端尺寸，然后对机床进行调整。如果顶尖偏移，工件的旋转轴线也将歪斜，纵向磨削的圆柱表面将产生锥度，切入磨削的接刀部分也会产生明显的接刀痕迹。

c. 将工件的一端插入卡箍

拧紧卡箍上的螺钉夹紧工件，然后使卡箍（卡环）上的开口槽对准机床上的拨杆，将工件装夹在两顶尖间。

d. 粗修整砂轮外圆、端面两侧修成内凹形。

e. 检查工件加工余量。

f. 调整工作台行程挡铁位置，以控制砂轮接刀长度和砂轮越出工件长度。砂轮接刀长度应尽可能小，与装夹工件的直径大小有关。

②调整机床

根据工件材料的特性、加工要求等因素来选择合适的磨削用量，调整头架主轴转速，调整工作台直线运动速度和行程长度，调整砂轮架进给量。

③试磨

试磨时，选用尽量小的背吃刀量，磨出外圆表面，用千分尺检测工件两端直径差，不能不超差。若超出要求，则调整、找正工作台至理想位置。

④粗磨各处外圆、端面。外圆留余量 0.03 ～ 0.05mm，端面留余量 0.03mm。

⑤精修整砂轮外圆及端面。

⑥精磨各处外圆至精度要求。精磨的顺序与粗磨的顺序可以不同，以减少装夹工件次数。

（3）阶梯轴外圆磨削技术

①正确选择磨削方法。当工件磨削长度小于砂轮宽度时，应采用横磨法（或称切入磨削法）；当工件磨削长度较长时，可用纵磨法。

②首先用纵磨法磨削长度最长的外圆柱面，调整工作台，使工件的圆柱度在规定的公差之内。

③用纵磨法磨削轴肩台阶旁的外圆时，须细心调整工作台行程，使砂轮在靠近台阶时不发生碰撞。调整工作台行程挡铁位置时，应在砂轮适当退离工件表面并不动的情况下，调整工作台行程挡铁的位置，在检查砂轮与工件台阶不碰撞后，才将砂轮引入进行磨削。

④为了使砂轮在工件全长上能均匀地磨削，待砂轮在磨削至轴肩台阶旁换向时，可使工作台停留片刻。一般阶梯轴的纵向磨削采用单向横向进给，即砂轮在台阶一边换向时做横向进给。这样可以减小砂轮一端尖角的磨损，以提高端面磨削的精度。

⑤按工件的磨削余量划分为粗、精磨削，一般留精磨余量 0.06mm 左右。

⑥在精磨前和精磨后，均需要用百分表测量工件外圆的径向圆跳动，以保证其磨削后在规定的尺寸公差范围内。

⑦注意中心孔的清理和润滑。磨削淬硬工件时，应尽量选用硬质合金顶尖装夹，以减少顶尖的磨损。使用硬质合金顶尖时，需检查顶尖表面是否有损伤、裂纹等。

2. 阶梯轴轴肩端面的磨削技术

（1）轴肩的结构

阶梯轴轴肩是常用的结构形式，为了保证轴肩与其他零件的配合要求，轴肩端面与外圆的过渡部位的结构和加工要求有所不同。

（2）轴肩的磨削技术

轴肩的磨削方法，根据轴肩与其他零件的配合情况、表面之间的过渡结构来确定。

①磨削台阶轴端面时，首先用金刚石笔将砂轮端面修整成内凹形。注意砂轮端面的窄边要修整锋利且平整。

②磨端面时，须将砂轮横向退出距离工件外圆 0.1 mm 左右，以免砂轮与已加工外圆表面接触。用工作台纵向手轮来控制工件台纵向进给，借砂轮的端面磨出轴肩端面。手摇工作台纵向进给手轮，待砂轮与工件端面接触后，做间断均匀的进给，进给量要小，可观察火花来控制磨削进给量。

③带圆弧轴肩的磨削。磨削带圆弧轴肩时，应将砂轮一尖角修成圆弧面，工件外圆柱面的长度较短时，可先用切入法磨削外圆，留 0.03～0.05 mm 余量，接着把砂轮靠向轴肩端面，再切入圆角和外圆，将外圆磨至尺寸，这样可使圆弧连接光滑。

④按端面要求的磨削精度和余量划分粗、精磨，精磨时可适当增加光磨时间，以提高工件端面的精度。

3. 无心磨削

无心磨削是一种高生产率的精加工方法。无心磨削时，工件尺寸精度可达 IT7～IT6，表面粗糙度处可达 0.8～0.2 µm。

在无心磨床磨削工件外圆时，工件不用顶尖来定心和支承，而是直接将工件放在磨削砂轮和导轮（用橡胶结合剂做的粒度较粗的砂轮）之间，由托板支承，工件以被磨削的外圆本身作为定位基准。无心外圆磨床有两种磨削方式。

无心磨削时，必须满足下列条件：

（1）由于导轮倾斜了一个 α 角度，为了保证切削平稳，导轮与工件必须保持线接触，为此导轮表面应修整成双曲线回转体形状。

（2）导轮材料的摩擦因数应大于砂轮材料的摩擦因数；砂轮与导轮同向旋转，且砂轮的速度应大于导轮的速度；托板的倾斜方向应有助于工件紧贴在导轮上。

（3）为了保证工件的圆度要求，工件中心应高出砂轮和导轮中心连线，高出数值 H 与工件直径有关。

4. 磨削时切削液的选择

磨削时，要选择合适的切削液充分冷却，防止表面烧伤。一般磨削钢件多用苏打水或乳化液；磨削铝件采用加少量矿物油的煤油；铸铁、青铜件磨削一般不用切削液，而用吸尘器清除尘屑。

5. 磨削余量的选择

为了降低机械加工成本，在磨削加工之前，工件要进行切削加工，去除其上大部分的加工余量。合理选择磨削余量，对保证加工质量和降低磨削成本有很大的影响。磨削余量留得过大，需要的磨削时间长，增加磨削成本；磨削余量留得过小，保证不了磨削表面质量。根据实践经验，一般外圆表面磨削余量（直径）取 0.3～0.4mm，留轴肩端面余量取 0.1～0.2mm。

三、光整加工技术及应用

光整加工用于尺寸公差等级 IT5 以上或表面粗糙度 R_a 低于 0.1μm 的精密主轴加工表面，其特点是：

1. 加工余量都很小，一般不超过 0.2mm。

2. 采用很小的切削用量和单位切削压力，变形小，可获得数值小的表面粗糙度。

3. 对上道工序的表面粗糙度要求高。一般都要求 R_a 低于 0.2μm，表面不得有较深的加工痕迹。

4. 除镜面磨削外，其他光整加工方法都是"浮动的"，即依靠被加工表面本身自定中心。因此只有镜面磨削可部分地纠正工件的形状和位置误差，研磨只可部分地纠正形状误差，而其他光整加工方法只能用于降低表面粗糙度。

四、中心孔加工技术

加工轴类零件时，一般选择其轴心线为工件上的定位基准，以中心孔作为加工外圆的定位基面，通过顶尖装夹工件。因此，必须在其端面钻出中心孔，作为保证其加工精度的基准孔，而中心孔的加工要用到中心钻。

（一）中心钻

中心钻有三种形式：无护锥 60°复合中心钻——A 型、带护锥 60°复合中心钻——B型和弧型中心钻——R 型，在生产中常用 A、B 型中心钻。

R 型中心钻的主要特点是强度高，它可避免 A 型和 B 型中心钻在其小端圆柱段和 60°圆锥部分交接处产生应力集中现象，所以中心钻断头现象可以大大减少。

（二）中心孔的类型及其用途

中心孔的型式由刀具的类型确定，已标准化，国家标准规定中心孔有 A 型（不带护锥）、

B型（带护锥）、C型（带螺孔）和R型（弧形）四种。

1.A型中心孔

普通A型中心孔（又称不带护锥中心孔），一般都用A型中心钻加工。A型中心孔由圆柱孔和圆锥孔组成。圆锥孔用来和顶尖配合，锥面是定中心、夹紧、承受切削力和工件重力的表面。圆柱孔一方面用来保证顶尖与锥孔密切配合，使定位正确；另一方面用来储存润滑油。因此，圆柱孔的深度是根据顶尖尖端不可能和工件相碰来确定的。定位圆锥孔的角度一般为60°，重型工件用90°。

A型中心孔的主要缺点是孔口容易碰坏，致使中心孔与顶尖锥面接触不良，从而引起工件的跳动，影响工件的精度。这种中心孔仅在粗加工或不要求保留中心孔的工件上采用，它的直径尺寸d和D主要根据轴类工件的直径和质量来选定。

2.B型中心孔

B型中心孔（又称带护锥中心孔），通常用B型中心钻加工。因为带有120°的保护锥孔，60°定位锥面不易损伤与破坏。B型中心孔常用在需要多次装夹加工的工件上。如机床的光杠和丝杠、铰刀等刀具上的中心孔，都应钻B型中心孔。

3.C型中心孔

C型中心孔（又称带螺纹的中心孔），它与B型中心孔的主要区别是在孔的内部有一小段螺纹孔，在轴加工完毕后，能够把需要和轴固定在一起的其他零件固定在轴线上。所以要求把工件固定在轴上的中心孔采用C型。例如，铣床上用的锥柄立铣刀、锥柄键槽铣刀及其连接套等上面的中心孔，都是C型中心孔。

4.R型中心孔

R型中心孔（又称圆弧形中心孔），用R型中心钻加工。R型中心孔的形状与A型中心孔相似，只是将A型中心孔的60°圆锥改成圆弧面。这样与顶尖锥面的配合变成线接触，在轴类工件装夹时，能自动纠正少量的位置偏差。对定位精度要求较高的轴类零件以及拉刀等精密刀具上，宜选用R型中心孔。

（三）中心孔加工技术

1.钻中心孔

（1）在车床上钻中心孔的方法

①在工件直径小于车床主轴内孔直径的棒料上钻中心孔，这时应尽可能把棒料伸进主轴内孔中去，用来增加工件的刚性。经校正、夹紧后把端面车平；把中心钻装夹在钻夹头

中夹紧，当钻夹头的锥柄能直接和尾座套筒上的锥孔结合时，直接装入便可使用。如果锥柄小于锥孔，就必须在它们中间增加一个过渡锥套才能结合上。中心钻安装完毕，开车使工件旋转，均匀摇动尾座手轮来移动中心钻实现进给。待钻到所需的尺寸后，稍停留，使中心孔得到修光和圆整，然后退刀。

②在工件直径大于车床主轴内孔直径，并且长度又较大的工件上钻中心孔。这时只靠一端用卡盘夹紧工件，不能可靠地保证工件的位置正确。要使用中心架来车平端面和钻中心孔。钻中心孔的操作方法和前一种方法相同。

（2）钻中心孔注意事项

①钻夹头柄必须擦干净后，放入尾座套筒内并用力插入使圆锥面结合。中心钻装入钻夹头内，伸出长度要短些，用力拧紧钻夹头将中心钻夹紧。

②钻两端中心孔前，工件端面要先用车刀加工平整，然后再用中心钻钻中心孔。否则，会使中心钻上的两个切削刃受力不均，导致钻头引偏而折断。

③套筒的伸出长度要求中心钻靠近工件面时，伸出长度为 50～70mm。

④钻中心孔时进给量必须小而均匀，切削速度不能太低，一般主轴转速 $n > 1000r/min$。若速度太低，不仅会使锥面上的表面粗糙度值增大，而且还会使中心钻切入困难，容易引起震动而使中心钻损坏。

⑤控制圆锥的尺寸。当中心钻钻入至圆锥部 3/4 左右深度时，先停止进给，再停车，利用主轴惯性将中心孔表面修圆整。

⑥对定位精度要求较高的轴类零件以及拉刀等精密刀具上，宜选用 R 型中心孔。

2. 中心孔的修研

为了保证轴类零件加工精度，一般选择其中心孔作为磨削各外圆的定位表面，通过顶尖装夹工件。因此，磨削过程中经常需要对中心孔进行修研，常用的修研方法有以下几种：

（1）用油石或橡胶砂轮顶尖修研

先将圆柱形状的油石或橡胶砂轮夹在车床的卡盘上，用装在刀架上的金刚石笔将其前端修整成60°顶尖形状（圆锥体），接着将工件顶在油石（或橡胶砂轮）和车床后顶尖之间，并加少量润滑油（柴油），然后开动车床使油石或橡胶砂轮顶尖转动，进行研磨。研磨时用手把持工件连续而缓慢地转动，移动车床尾座顶尖，并给予一定压力。这种研磨中心孔方法效率高、质量好且简便易行，一般生产中常用此法。

（2）用铸铁顶尖修研

与上一种方法基本相同，用铸铁顶尖代替油石或橡胶砂轮顶尖。将铸铁顶尖装在磨床的头架主轴孔内，与尾座顶尖均磨成 60° 顶角，然后加入适量的研磨剂（W10～W12 氧化铝粉和机油调和而成）进行修研。用这种方法研磨的中心孔，精度较高，但研磨时间较长，效率很低，除在个别情况下用来修整尺寸较大或精度要求特别高的中心孔，一般很少采用。

（3）用硬质合金顶尖刮研

刮研用的硬质合金顶尖上有 4～6 条 60° 的圆锥棱带，相当于一把刮刀，可对中心孔的几何形状做微量的修整，又可以起挤光的作用。刮研前，在中心孔内加入少量全损耗系统用油调和好的氧化铬研磨剂。这种方法刮研的中心孔精度较高，表面粗糙度达 $R_a 0.8 \mu m$ 以下，并具有工具寿命较长、刮研效率比油石高的特点，所以一般主轴的顶尖孔可以用此法修研。

上述三种修磨中心孔的方法，可以联合应用。例如，先用硬质合金顶尖刮研，再选用油石或橡胶砂轮顶尖研磨，这样效果会更好。

（4）用成形圆锥砂轮修磨中心孔

这种方法主要适用于长度尺寸较短和淬火变形较大的中心孔。修磨时，将工件装夹在内圆磨床卡盘上，校正工件外圆后，用圆锥砂轮修磨中心孔，此法在生产中应用也较少。

（5）用中心孔磨床修研

修研使用专门的中心孔磨床。修磨时砂轮做行星磨削运动，并沿 30° 方向做进给运动。中心孔磨床及其运动方式，适宜修磨淬硬的精密工件的中心孔，能达到圆度公差为 0.0008mm，轴类零件专业生产厂家常用此法。

第七章
套筒类零件机械制造技术应用

第一节　套筒类零件的制造要求分析

一、套筒类零件结构特征

套筒类零件按其结构形状来划分，大体可以分为短套筒和长套筒两大类，由于功用不同，其结构和尺寸有着很大的差别，但从结构上看仍存在共同点，即零件的主要表面为同轴度要求较高的内孔和外圆表面及端面，零件壁厚较薄且易变形，零件长度一般大于直径。其中：内孔主要起导向作用或支承作用，常与运动轴、主轴、活塞、滑阀相配合；外圆表面多以过盈或过渡配合与机架或箱体孔相配合，起支承作用；有些套筒的端面或凸缘端面有定位或承受载荷的作用。

二、套筒类零件的技术要求

套筒类零件的主要加工表面有内孔、外圆表面和端面，除了这些表面本身的尺寸精度和表面粗糙度要求外，还要求它们之间满足一定的相互位置精度，如内孔与外圆的同轴度、端面与内孔的垂直度以及两平面的平行度等。

（一）内孔与外圆的尺寸精度和表面粗糙度要求

内孔作为零件支承或导向的主要表面，尺寸精度一般为 IT7 ～ IT6；为保证其耐磨性要求，对表面粗糙度要求较高（R_a 为 1.6 ～ 0.2 μm，有的高达 0.025 μm）。有的精密套筒及阀套的内孔尺寸精度为 IT5 ～ IT4；也有的套筒（如液压缸、气缸缸筒）由于与其相配的活塞上有密封圈，故对尺寸精度要求较低，一般为 IT9 ～ IT8，但对表面粗糙度要求较高，R_a 为 3.2 ～ 1.6 μm。

外圆表面是套筒零件的支承表面，常以过盈配合或过渡配合同箱体或机架的孔相连接，其直径精度通常为 IT7 ～ IT5，表面粗糙度 R_a 为 3.2 ～ 0.8μm、要求较高的可达 0.04μm。

（二）形状精度要求

通常将套筒类零件外圆与内孔的几何形状精度控制在直径公差以内。对精密轴套，内孔形状精度有时控制在孔径公差的 1/2 ～ 1/3，甚至更严。对于长套筒，内孔除有圆度要求外，还应有圆柱度要求。

（三）位置精度要求

主要根据套筒类零件在机器中的功用和要求而定。如果内孔的最终加工是在套筒装配之后（如机座或箱体）进行，可降低对套筒内、外圆的同轴度要求；如果内孔的最终加工是在装配之前进行，则内、外圆表面的同轴度要求较高，通常同轴度公差为 0.01 ～ 0.05mm。套筒端面（或凸缘端面）与外圆轴线和内孔轴线的垂直度要求较高，一般垂直度公差为 0.01 ～ 0.05mm。

三、套筒类零件的材料及热处理

套筒类零件材料的选择主要取决于零件的功能、结构特点及使用时的工作条件，一般用钢、铸铁、青铜、黄铜或粉末冶金等材料制成。有些特殊要求的套筒类零件（如滑动轴承）可采用双层金属结构或选用优质合金钢。双层金属结构是应用离心铸造法在钢或铸铁轴套的内壁上浇注一层巴氏合金等轴承合金材料，采用这种制造方法虽增加了一些工时，但既能节省有色金属，又能提高零件的使用寿命。

套筒类零件的功能要求和结构特点决定了套筒类零件的热处理方法有渗碳淬火、表面淬火、调质、高温时效及渗氮处理等方式。

第二节 套筒类零件加工技术及应用

一、内孔加工技术

套筒类零件上的加工表面主要有内孔、外圆表面和端面。其中端面和外圆加工，根据精度要求可选择车削或磨削。而内孔的加工方法比较复杂，根据使用的刀具不同，可分为车孔、钻孔（包括扩孔、锪孔）、铰孔、镗孔、拉孔、磨孔以及各种孔的光整加工等。

（一）车孔技术

车孔是一种常用的孔加工方法。车孔可以把预制孔如铸造孔、锻造孔或把钻、扩出来的孔再加工到更高的精度和数值更小的表面粗糙度。车孔既可做半精加工，也可做精加工。车孔精度一般可达 IT8 ~ IT7 级，表面粗糙度 R_a 为 $3.2 \sim 0.8\,\mu m$，精细车削可达到更小（$R_a < 0.8\,\mu m$）。车孔时，可加工的直径范围很广。

1. 内孔车刀

（1）内孔车刀类型

内孔车刀是加工孔的刀具，按被加工孔的类型，可分为通孔车刀和不通孔车刀两种。

内孔车刀切削部分的几何形状基本上与外圆车刀相似。但是，内孔车刀的工作条件和车外圆有所不同，有其特点，即把刀头和刀杆做成一体的，这种刀具因为刀杆太短，只适合于加工浅孔。加工深孔时，为了节省刀具材料，常把内孔车刀做成较小的刀头，然后装夹在用碳钢合金做成的刚性较好的刀杆前端的方孔中。在车通孔的刀杆上，刀头和刀杆轴线垂直；在加工不通孔用的刀杆上，刀头和刀杆轴线安装成一定的角度，其刀杆的悬伸量是固定的，刀杆的伸出量不能按内孔加工深度来调整。能够根据加工孔的深度来调整刀杆的伸出量，可以克服悬伸量固定的刀杆缺点。

通常应按被加工的孔径大小选用适合的刀杆，刀杆的伸出量应尽可能小，以使刀杆具有最大的刚性。

（2）内孔车刀的安装

内孔车刀安装时，刀尖必须和工件的中心等高或稍高，以便增大内孔车刀的后角。理论上讲，内孔车刀的刀尖不应低于工件的中心，否则在切削力作用下刀尖会下降，使孔径扩大。

内孔车刀安装后，在开机车内孔以前，应先在毛坯孔内试切，以防车孔时刀杆装得歪斜而使刀杆碰到内孔表面。

2. 车孔的切削用量

内孔加工的工作条件比车外圆困难，特别是内孔车刀安装以后，刀杆的悬伸长度经常比外圆车刀的悬伸长度大。因此，内孔车刀的刚性比外圆车刀低，更容易产生震动，车孔的进给量和切削速度都要比外圆车削时低。如果采用装在刀排上的刀头来加工内孔，当刀排刚度足够时，也可以采用车外圆时的切削用量。

3. 内孔深度的控制

车削台阶孔和不通孔时，内孔深度需要控制。控制方法和车削外圆台阶时控制长度的方法相同，即用纵向进给刻度盘或用纵向死挡铁或定位块；也可用在刀杆上做记号等方法来进行控制，这时尺寸精度较低。

4. 车孔的关键技术

车孔的关键技术是解决内孔车刀的刚性和排屑问题，生产中主要采取以下几项措施：

（1）尽量增大刀杆的截面积

一般的内孔车刀有一个缺点，刀杆的截面积小于内孔截面积的1/4。如果让内孔车刀的刀尖位于刀杆的中心线上，这时刀杆的截面积就可达到最大限度。

（2）刀杆的伸出长度尽可能缩短

如果刀杆伸出太长，就会降低刀杆刚性，容易引起震动。为了增加刀杆刚性，刀杆伸出长度只要略大于孔深即可。

（3）合理选用内孔车刀的几何角度

在选择内孔车刀的几何角度时，应该使径向切削力尽可能小些。

为了使内孔车刀的后刀面既不和工件孔面发生干涉和摩擦，也不使内孔车刀的后角磨得过大时削弱刀尖强度，内孔车刀的后面一般磨成两个后角的形式。

为了使已加工表面不被切屑划伤，通孔的内孔车刀最好磨成正刃倾角，切屑流向待加工表面（前排屑）；不通孔的内孔车刀因无法从前端排屑，只能从后端排屑，所以刃倾角一般取 -2 ～ 0°。

（二）钻孔技术

钻孔是用钻头在实体材料上加工孔，通常采用麻花钻在钻床或车床上进行，但由于钻头强度和刚性比较差，排屑较困难，切削液不易注入，因此，钻孔属粗加工，可达到的尺寸精度等级为 IT13 ～ IT11 级，表面粗糙度 R_a 为 50 ～ 12.5 μm。

1. 钻床

钻床（drill press）是指主要用钻头在工件上加工孔的机床。钻削时，通常工件固定不动，钻头旋转为主运动；钻头轴向移动为进给运动，操作可以手动，也可以机动。钻床结构简单，加工精度相对较低，可对工件进行钻孔、扩孔、铰孔、攻螺纹、钩沉孔及钩平面等加工，是具有广泛用途的通用性机床。

在钻床上配有合适的工艺装备时，还可以镗孔；在钻床上配万能工作台还能进行分割钻孔、扩孔、铰孔。

钻床分为台式钻床、立式钻床、摇臂钻床、铣钻床、深孔钻床、平端面中心孔钻床、卧式钻床、多轴钻床等，其中立式钻床和摇臂钻床应用最为广泛。

（1）立式钻床

立式钻床是应用较广的一种机床，其主参数是最大钻孔直径，常用的机床型号有Z5125、Z5135 和 Z5140A 等几种。

立式钻床生产效率不高，大多用于单件小批生产的中小型工件加工，钻孔直径范围为16 ～ 80mm。

立式钻床的特点是主轴轴线垂直布置，而且位置是固定的。加工时，为使刀具旋转中心线与被加工孔的中心线重合，必须移动工件，因此立式钻床生产率不高，只适用于单件小批生产中加工中、小型零件上直径 $d \leqslant 50$mm 的孔。

立式钻床分圆柱立式钻床、方柱立式钻床和可调多轴立式钻床三个系列。

大批生产中，钻削平行孔系时，为提高生产效率应使用可调多轴立式钻床。这种机床加工时，全部钻头可一起转动并同时进给，具有很高的生产率。

（2）摇臂钻床

摇臂钻床广泛地用于单件或批量生产中大、中型零件上直径 d=25 ～ 125mm 孔的加工。常用的型号有 Z3035、Z3040×16、Z3063×20 等。

对于体积和质量都比较大的工件，若用移动工件的方式来找正其在机床上的位置，则非常困难，此时可选用摇臂钻床进行孔加工。

①摇臂钻床的布局及运动形式

当摇臂钻床进行钻削加工时，钻头一边旋转切削，一边纵向进给，其运动形式如下：

a. 主运动

主轴的旋转运动。

b. 进给运动

主轴的纵向进给。

c. 辅助运动

摇臂沿外立柱垂直移动，主轴箱沿摇臂长度方向移动，摇臂与外立柱一起绕内立柱回转运动。

②万向摇臂钻床

加工任意方向和任意位置的孔和孔系时，可选用万向摇臂钻床。此类机床可在空间绕特定轴线做 360° 的回转，机床上端装有吊环，可将工件调放在任意位置，机床的钻孔直径范围为 25 ～ 125mm。

（3）其他钻床

①台式钻床

简称台钻，是一种体积小巧、操作简便，通常安装在专用工作台上使用的小型立式钻床。台式钻床钻孔直径范围为 0.1 ～ 13mm。其主轴变速一般通过改变三角带在塔形带轮上的位置来实现，主轴进给靠手动操作。

②中心孔钻床

用于加工轴类零件两端面上的中心孔。

③深孔钻床

用于加工孔深与直径比 $L/D > 5$ 的深孔。

2. 麻花钻

麻花钻（twist drill）按制造材料分，有高速钢麻花钻和硬质合金麻花钻两种。

（1）麻花钻的结构要素

它由工作部分、柄部和颈部三个部分组成。

①工作部分

a. 工作部分的组成

工作部分是钻头的主要组成部分，位于钻头的前半部分，也就是具有螺旋槽的部分，工作部分包括切削部分和导向部分。切削部分主要起切削的作用，导向部分主要起导向、排屑、切削部分备磨的作用。

为了提高钻头的强度和刚性，其工作部分的钻心厚度（用一个假设圆直径——称为钻心直径 d_c 表示）一般为 $0.125 \sim 0.15\ d_0$（d_0 为钻头直径），并且钻心呈正锥形，即从切削部分朝后方向，钻心直径逐渐增大，增大量在每 100mm 长度上为 1.4 ～ 2mm。为了减少导向部分和已加工孔孔壁之间的摩擦，对直径大于 1mm 的钻头，钻头外径从切削部分朝后方向制造出倒锥，形成副偏角。倒锥量为 0.03 ～ 0.12mm/100mm。

b. 麻花钻切削部分的组成

钻头的切削部分由两个前面、两个后面、两个副后面、两条主切削刃、两条副切削刃和一条横刃组成。

横刃与主切削刃在端面上投影之间的夹角称为横刃斜角，横刃斜角 Ψ=50～55°；主切削刃上各点的前角、后角是变化的，外缘处前角约为30°，钻心处前角接近0°，甚至是负值；两条主切削刃在与其平行的平面内的投影之间的夹角为顶角，标准麻花钻的顶角 2ϕ=118°。

②柄部

柄部位于钻头的后半部分，起夹持钻头、传递转矩的作用。根据柄部不同，麻花钻有莫氏锥柄（圆锥形）和直柄（圆柱形）两种。直径为13～80mm的麻花钻多为莫氏锥柄，利用莫氏锥套与机床锥孔连接，莫氏锥套后端有一个扁尾棒，其作用是供楔铁把钻头从莫氏锥套中卸下。在钻削时，扁尾棒可防止钻头相对莫氏锥套打滑。直径为0.1～20mm的麻花钻多为直柄，可利用钻夹头夹持住钻头。中等尺寸麻花钻两种形式均可选用。麻花钻有标准型和加长型。

③颈部

颈部是工作部分和柄部的连接处（焊接处）。颈部的直径小于工作部分和柄部的直径，其作用是便于磨削工作部分和柄部时砂轮的退刀；颈部还可作为打印标记处。小直径的直柄钻头不做颈部。

（2）麻花钻的使用特点

麻花钻虽然是孔加工的主要刀具，一直被广泛使用，但是由于在结构上存在着比较严重的缺陷，使钻孔的质量和生产率受到很大影响，主要表现在以下几个方面：

①钻头主切削刃上各点的前角变化很大

钻孔时，外缘处的切削速度最大，而该处的前角最大，刀刃强度最薄弱，因此钻头在外缘处的磨损特别严重。

②钻头横刃较长

横刃及其附近的前角为负值，达 -55～-60°。钻孔时，横刃处于挤刮状态，轴向抗力较大。同时横刃过长，不利于钻头定心，易产生引偏，致使加工孔的孔径增大、孔不圆或孔的轴线歪斜等。

③钻削加工过程是半封闭加工

钻孔时，主切削刃全长同时参加切削，切削刃长，切屑宽，而各点切屑的流出方向和速度各异，切屑呈螺卷状，而容屑槽尺寸又受钻头本身尺寸的限制，因而排屑困难；切削液也不易注入切削区域，冷却和散热不良，大大降低了钻头的使用寿命。

（3）群钻

针对标准高速钢麻花钻存在的上述缺陷，在实践中采取多种措施修磨麻花钻的结构。如修磨横刃，减少横刃长度，增大横刃前角，减小轴向受力状况；修磨前刀面，增大钻心处前角；修磨主切削刃，改善散热条件；在主切削刃后面磨出分屑槽，利于排屑和切削液注入，改善切削条件等。

用麻花钻综合修磨而成的新型钻头，即"群钻"。

经过综合修磨而成的群钻，切削性能显著改善。钻削轴向力比标准麻花钻下降35%～50%，转矩降低10%～30%，切削轻快省力；改善了散热、断屑及冷却润滑条件，耐用度比标准麻花钻提高了3～5倍。另外，生产率、加工精度、表面质量都有所提高。

（4）硬质合金钻头

钻孔的刀具仍以高速钢麻花钻为主。但是随着高速度、高刚性、大功率的数控机床、加工中心的应用日益增多，高速钢麻花钻已满足不了先进机床的使用要求。于是出现了硬质合金钻头和硬质合金可转位浅孔钻头等，并日益受到重视。硬质合金麻花钻一般制成镶片焊接式，直径 5mm 以下的硬质合金麻花钻制成整体的。

无横刃硬质合金钻头的外形与标准高速钢麻花钻相似，在合金钢钻体上开出螺旋槽，其螺旋角比标准麻花钻略小，钻心直径略粗，在钻体顶部焊有两块韧性好、抗黏结性强的硬质合金刀片。为了保证钻尖的强度，在靠近钻头轴心处的两块刀片切削刃被磨成圆弧形或折线形，而不靠近钻头轴心处的两块刀片切削刃被磨成直线形。

（5）麻花钻的装夹

直柄麻花钻通过钻夹头（辅助工具）装夹后再装到机床上。钻夹头的前端有三个可以张开和收缩的卡爪，用来夹持钻头的直柄。卡爪的张开和收缩靠拧动滚花套来实现。钻夹头的后端是锥柄，将它插入车床尾座套筒的锥孔中来实现钻头和机床的连接。

锥柄麻花钻可以直接或通过过渡套与机床连接。当钻头锥柄的锥度号和尾座套筒锥孔的锥度号相同时，可以直接把钻头插入，实现连接；如果锥度号不同，就必须通过一个过渡套才能连接。

（6）麻花钻的刃磨

麻花钻一般需刃磨两个主后面，并同时磨出顶角、后角和横刃斜角，所以麻花钻的刃磨比较困难，刃磨技术要求较高。

①麻花钻的刃磨步骤

a. 刃磨时

钻头切削刃应放在砂轮中心水平面上或稍高些。钻头中心线与砂轮外圆柱面母线在水平面内的夹角应等于顶角的一半,同时钻尾向下倾斜。

b. 钻头刃磨时用右手握住钻头前端做支点

左手握钻尾,以钻头前端支点为圆心,钻尾做上下摆动。略做旋转,但不能旋转过多,或上下摆动过大。以防磨出负后角,或把另一面的主切削刃磨掉,特别是在磨小麻花钻时更应注意。

c. 当一个主切削刃磨完以后

把钻头转过 180°刃磨另一个主切削刃,人和手要保持原来的姿势和位置,这样容易达到两刃对称的目的。

②钻头刃磨对加工的影响

麻花钻刃磨后应满足如下要求:麻花钻的两个主切削刃和钻心线之间的夹角应对称,刃长要相等,否则,钻削时会出现单刃切削,或孔径变大等缺陷。

3. 钻孔切削用量

用高速钢钻头钻钢料时,切削速度一般为 20 ～ 40m/min:钻铸铁时,应稍低些。

在刀具的产品资料中,也提供切削刀具的相关数据,可借鉴选用。

4. 钻孔时切削液的选用

钻孔时孔里积累的热量会导致钻尖卷曲,使其切削刃变钝,甚至崩刃或造成钻头在孔中折断。使用适宜的切削液能保持钻头刃部处于相对较低的工作温度,还能保持工件润滑;润滑有助于钻尖保持其锋利的切削刃,并延长其寿命。钻钢料时,必须浇注充分的切削液,使钻头冷却;钻铸铁时可以不用切削液。

5. 钻孔操作注意事项

在钻孔时钻头往往容易产生偏移,其主要原因是:切削刃的刃磨角度不对称、钻削时在工件端面钻头没有定位好、工件端面与机床主轴轴线不垂直等。为了防止和减少钻孔时钻头偏移,操作时须注意以下事项。

(1)钻头装入尾座套筒后,必须检查钻头轴线是否和工件的旋转轴线重合。如果不重合,则会使钻头折断。

(2)在钻孔前,必须把端面车平,保证端面与钻头中心线垂直,工件中心处不允许留有凸头，否则钻孔时钻头不能定心，甚至使钻头折断。

（3）当使用细长钻头钻孔时，为了不把孔钻歪，事先用中心钻或钻头在端面上预钻一个定心孔，以引导钻头钻削。

（4）把钻头引向工件端面时，引入力不可过大，否则会使钻头折断。

（5）钻小孔或深孔时选用较小的进给量，可减小钻削轴向力，钻头不易产生弯曲而引起偏移。

（6）钻深孔时，要经常退出钻头清除切屑，这样做可以防止因为切屑堵塞使钻头折断。

（7）钻通孔快要钻透时，要减少进给量，可以防止钻头的横刃被"咬住"，使钻头折断。因为钻头轴向进给时钻头的横刃用较大的轴向力对材料进行挤压，当孔快要钻透时，横刃会突然把和它接触的那一块材料挤压掉，在工件上形成一个不规则的通孔。与此同时，钻头的横刃进入此孔中，就不再参与切削了；钻头的切削刃也进入了此孔，切削厚度突然增加许多，钻头所承受的转矩突然增加，容易使钻头折断。

（8）钻了一段深度以后，应该把钻头退出，停机测量孔径，用此方法可防止孔径扩大。

（9）当用钻头加工较长但要求不高的通孔时，可以掉头钻孔，就是钻到大于孔长的一半以后，把工件掉头安装，校正后再钻孔，一直将孔钻通。

（三）扩孔与锪孔技术

1. 扩孔技术

扩孔（broaching）是用扩孔刀具对已有孔（如钻孔、铸造孔或锻造孔）做进一步加工，以扩大孔径并提高精度和降低表面粗糙度。扩孔后的精度可达 IT11 ～ IT10 级，表面粗糙度 R_a 为 12.5 ～ 6.3 μm。常用的扩孔刀具有麻花钻、扩孔钻等。一般工件的扩孔，可用麻花钻；对于孔的半精加工，可用扩孔钻。

（1）用麻花钻扩孔

即用大直径的钻头将已钻出的小孔扩大。例如，钻 ϕ50mm 的孔，可先用 ϕ25mm（一般取被加工孔径的 0.5 ～ 0.7 倍）的钻头钻孔，然后用 ϕ50mm 的钻头将孔扩大。扩孔时，因为钻头的横刃已经不参与切削，所以进给省力。但是应该注意，钻头外缘处的前角大，进给量不能过大，否则使钻头在尾座套筒内打滑而不能切削。因此，在扩孔时，应把钻头外缘处的前角修磨得小一些，并对进给量加以适当控制。

当扩台阶孔和不通孔时，往往需要将孔底扩平，一般就将麻花钻磨成平头钻作为扩孔钻使用。

①用平头钻扩台阶孔

扩台阶孔时，由于平头钻不能很好定心，扩孔开始阶段容易产生摆动而使孔径扩大，所以选用平头钻扩孔时，钻头直径应偏小些。扩孔的切削速度一般应略低于钻孔的切削速度。

扩孔前先钻出台阶孔的小孔直径。开动车床，当平头钻与工件端面接触时，记下尾座套筒上标尺读数，然后慢慢均匀进给，直至标尺上刻度读数达到所需深度时退出。

②用平头钻扩不通孔

先按不通孔的直径和深度钻孔，注意：钻孔深度应从钻尖算起，并比所需深度浅 $1 \sim 2$ mm，然后用与钻孔直径相等的平头钻再扩平孔底面。

控制不通孔深度的方法：用一薄钢板，紧贴在工件端面上，向前摇动尾座套筒，使钻头顶紧钢板，记下套筒上的标尺读数，当扩孔到终点时，在标尺读数上应加上钢板的厚度和不通孔的深度。

（2）扩孔钻类型与选用

扩孔钻主要有高速钢扩孔钻和硬质合金扩孔钻两类。

标准扩孔钻一般有 $3 \sim 4$ 条主切削刃，其结构形式随直径不同而不同，有直柄、锥柄和套装三种形式。

扩孔钻与麻花钻相比，没有横刃、工作平稳、容屑槽小、刀体刚性好、工作中导向性好，故对于孔的位置误差有一定的校正能力。使用高速钢扩孔钻加工钢料时，切削速度可取 $15 \sim 40$ m/min，进给量可取 $0.4 \sim 2$ mm/r，故扩孔的加工质量和生产率都比麻花钻高。

扩孔通常作为铰孔前的预加工，也可作为孔的最终加工。

①扩孔钻的结构要素

扩孔钻结构分为柄部、颈部、工作部分三段。其切削部分则有：主切削刃、前刀面、后刀面、钻心和棱边五个结构式要素。

②扩孔钻的选择

扩孔钻的形式随直径不同而不同。扩孔直径较小时，可选用直柄式扩孔钻；扩孔直径为 $10 \sim 32$ mm 时，可选用锥柄式扩孔钻；扩孔直径为 $25 \sim 80$ mm 时，可选用套式扩孔钻。

扩孔直径在 $20 \sim 60$ mm 之间，且机床刚性好、功率大时，这种扩孔钻的两个可转位刀片的外刃位于同一个外圆直径上，并且刀片径向可做微量（±0.1mm）调整，以控制扩孔直径。

当孔径大于 100mm 时，切削力矩很大，故很少应用扩孔，应采用镗孔。

2. 锪孔技术

对工件上的已有孔进行孔口型面的加工称为锪削。锪削又分锪孔（countersinking）和锪平面。

锪钻用于加工各种埋头螺钉沉孔、锥孔和凸台面等。常见的锪钻有三种：圆柱形沉头锪钻、锥形锪钻及端面锪钻。在单件小批生产中，常把麻花钻改制成锪钻来使用。

圆柱形沉头锪钻的端刃主要起切削作用，周刃作为副切削刃，起修光作用。为了保持原有孔与埋头孔同心，锪钻前端带有导柱，可与已有的孔滑配，起定心作用。

锥形锪钻有 6 ~ 12 个刀刃，其顶角有 60°、75°、90° 和 120° 四种类型，其中 90° 的用得最广泛。

端面锪钻用于锪削与孔垂直的孔口端面（凸台平面）。小直径孔口端面可直接用圆柱形沉头锪钻加工，较大孔口的端面可采用端面锪钻。

锪削时，钢件需加润滑油，切削速度不宜过高，以免锪削表面产生径向振纹或出现多棱形等质量问题。

（四）铰孔技术

铰孔是利用铰刀从未淬火的孔壁切除薄层金属，以获得精确的孔径和几何形状以及较低的表面粗糙度的精加工方法，在生产中应用很广。铰孔一般在钻孔、扩孔或镗孔之后进行，用于加工精密的圆柱孔和圆锥孔，加工孔径范围一般为 1 ~ 100mm。相对于内圆磨削及精镗而言，铰孔是一种较为经济实用的加工方法。

铰孔时，铰削速度低，加工余量少（一般只有 0.1 ~ 0.3mm），且由于铰刀的切削刃长，铰削时同时参与切削的刀齿多，故生产率高，铰孔后的质量比较高，孔径尺寸精度一般为 IT9 ~ IT6 级，表面粗糙度 R_a 可达 1.6 ~ 0.4μm，甚至更细。因为铰孔时以本身孔做导向，不能纠正位置误差，所以孔的有关位置精度应由铰孔前的预加工工序保证。

1. 铰刀

铰刀是具有一个或多个刀齿、用以切除已加工孔表面薄层金属的旋转刀具，应用十分普遍。经铰削加工后的孔可获得精确的尺寸和形状.铰刀加工孔直径的范围一般为1~ 100mm，它可以加工圆柱孔、圆锥孔、通孔和盲孔，可以在车床、钻床、镗床、数控机床等多种机床上进行铰削（又称机铰），也可以用手工进行铰削。机铰生产率高，劳动强度小，适宜于大批大量生产；手铰尺寸精度可达 IT6 级，表面粗糙度 R_a 为 0.8 ~ 0.4μm。

（1）铰刀的结构要素

它由柄部、工作部分和颈部三个部分组成。

①柄部

铰刀的柄部有圆柱形、圆锥形和圆柄方榫三种形状。柄部的作用是装夹和传递转矩用的。手用铰刀的柄部均为直柄，机用铰刀的柄部有直柄和莫氏锥柄之分。

②工作部分

铰刀的工作部分又分引导锥、切削部分、校准部分和倒锥部分。

a. 引导锥

引导锥使铰刀能方便地引入预制孔内，其前倒锥导向角一般为45°。

b. 切削部分

切削部分主要承担切削工作。铰刀切削部分的主要角度有前角、后角、主偏角和刃倾角。

c. 校准部分

校准部分是带有棱边的圆柱形刀齿，在切削中起定向、修光孔壁、校准孔径、测量铰刀直径等作用。

d. 倒锥部分

倒锥部分是为了减少铰刀与工件已加工表面的摩擦、防止铰刀退刀时孔径扩大。

铰刀的齿数一般为 4 ~ 8 齿，都做成偶数齿，目的是便于测量铰刀直径和在切削中使切削力对称，使铰出的孔有较高的圆度。

③颈部

它是工作部分与柄部的连接部位，用于标注、打印刀具尺寸。

（2）铰刀类型

①常用铰刀

铰刀按切削部分的材料分为高速钢铰刀和硬质合金铰刀，按铰孔的形状分为圆柱形、圆锥形和阶梯形铰刀，按装夹方法分为带柄式和套装式铰刀，按铰刀直径调整方式分为整体式铰刀和可调式铰刀，按齿槽的形状分为直槽和螺旋槽铰刀，按使用方式分为手用铰刀和机用铰刀。机用铰刀与手用铰刀主要区别在前者工作部分较短，齿数较少，柄部较长；后者相反。

②其他铰刀

a. 机夹单刃铰刀

铰削尺寸精度为 IT7 ～ IT5 级、表面粗糙度 R_a 为 0.8μm 的孔时，可采用机夹硬质合金刀片的单刃铰刀。

b. 浮动铰刀

铰削精度为 IT7 ～ IT6 级、表面粗糙度 R_a 为 1.6 ～ 0.8μm 的大直径通孔时，可选用专门设计的浮动铰刀。

c. 金刚石铰刀

金刚石铰刀是采用电镀的方法将金刚石磨料颗粒包镶在 45 钢（或 40Cr）刀体上制得的。用金刚石铰刀铰孔，铰削质量很高，精度可达 IT5 ～ IT4 级，表面粗糙度值 R_a 可低于 0.05μm。

（3）铰刀的选用

①铰孔的尺寸精度和表面质量

在很大程度上取决于铰刀质量，所以在选用铰刀时应检查刃口是否锋利和完好无损，铰刀柄部要保持平整、光滑和无毛刺。铰刀柄部一般有精度等级标记，选用时要与被加工孔的精度等级相符。

②铰刀尺寸的确定

铰削的精度主要取决于铰刀尺寸。铰刀的基本尺寸与孔的基本尺寸相同，因此只需要确定铰刀的公差。铰刀的公差由孔的精度等级、加工时的扩大量（或收缩量）、铰刀的留磨余量等因素确定，其计算公式如下：

上偏差 =2/3 被加工孔直径公差

下偏差 =1/3 被加工孔直径公差

（4）铰刀的装夹

① D ＜ 12mm 的机用铰刀

一般直接或通过钻夹头（直柄铰刀）、过渡套筒（锥柄铰刀）插入尾座套筒的锥孔中。这种安装方式，对车床尾座要求高，首先要找正尾座水平中心线，使铰刀的轴线与工件旋转轴线严格重合，否则铰出的孔径将会扩大。当它们不重合时，一般靠调整尾座的水平位置来达到重合。用钻夹头装夹铰刀时，要使装夹长度在不影响夹紧的前提下尽可能短。

② D ＞ 12mm 的直柄铰刀

一般采用浮动套筒装夹。浮动套筒锥柄再装入尾座套筒的锥孔或机床主轴的锥孔内。

它利用衬套和套筒之间的间隙产生浮动，使铰刀自动定心进行铰削。浮动套筒装置中的圆柱销和衬套是间隙配合的，衬套与套筒接触的端面与轴线保持严格垂直。

③ $D > 12\,mm$ 的锥柄铰刀

与机床主轴常用浮动连接，以防铰削时孔径扩大或产生孔的形状误差。

2. 铰孔切削用量

铰孔前内孔一般先经过车孔、扩孔、粗铰或镗孔等工序进行半精加工，目的就是为铰孔留合适的铰削余量。铰削余量的多少，直接影响孔的质量。铰削余量太小时，往往不能全部切去上道工序的加工痕迹，同时因刀齿不能连续切削而以很大的压力沿孔壁打滑，使孔壁质量下降；余量太大时，会因切削力大、发热多引起铰刀直径增大及颤动，致使孔径扩大，而铰刀会因负荷过大而迅速磨损，严重时会使铰刀刃口崩碎。

（1）背吃刀量 a_p

a_p 是铰孔余量的一半。

铰孔余量视孔径大小、精度要求及工件材料等而异。铰孔余量一般为 $0.08 \sim 0.20\,mm$。用高速钢铰刀铰削余量取小值，为 $0.08 \sim 0.15\,mm$；用硬质合金铰刀铰削余量取大值，为 $0.15 \sim 0.20\,mm$。对于孔径为 $5 \sim 80\,mm$、精度为 IT7 $\sim$ IT10 的孔，一般分粗铰和精铰。

（2）进给量 f

铰孔的进给量应适中。进给量太小，使切屑过薄，导致刀刃不易切入金属层而打滑，甚至产生啃刮现象，破坏了表面质量，还会引起铰刀震动，使孔径扩大；进给量太大，则切削力也大，孔径可能扩大。

因为铰刀有修光作用，进给量可选大一些。铰削钢件时 $f = 0.3 \sim 2\,mm/r$，铰削铸铁件或有色金属时 $f = 0.5 \sim 3\,mm/r$。机铰的进给量比钻孔时高 $3 \sim 4$ 倍，一般可取 $0.5 \sim 1.5\,mm/r$。

（3）铰削速度

合理选用切削速度可以减少积屑瘤的产生，防止表面质量下降。一般铰削速度应小于 $10\,m/min$，然后根据选定的切削速度和孔径大小调整机床主轴转速。

铰铸铁件时选 $8 \sim 10\,m/min$；铰削钢件时的切削速度要比铸铁件时低，粗铰为 $4 \sim 10\,m/min$，精铰为 $1.5 \sim 5\,m/min$。

3. 铰削时切削液的选用

铰孔时正确选用切削液，对降低摩擦系数、改善散热条件及带走切屑均有很大作用，除了能提高铰孔质量和铰刀耐用度外，还能消除积屑瘤、减少震动、降低孔径扩张量。浓

度较高的乳化液对降低粗糙度的效果较好，硫化油对提高加工精度效果较明显。一般铰削钢件时，通常选用乳化油和硫化油；铰削铸铁件时，一般不加切削液；如要进一步提高表面质量，也可选用润湿性较好、黏性较小的煤油做切削液；铰削铜件时可用菜籽油。

4. 铰削的工艺特点

（1）合理选择底孔

底孔（铰孔前道工序加工的孔）好坏，对铰孔质量影响很大，底孔精度低，就不容易得到较高的铰孔精度。铰孔前孔径表面粗糙度 $R_a < 6.3\,\mu m$。例如，上一道工序造成孔轴线歪斜，由于铰削余量小，且铰刀与机床主轴常采用浮动连接，故铰孔时就难以纠正。对于精度要求高的孔，在精铰前要进行半精加工，使底孔误差减小，才能保证精铰质量。

铰孔前的半精加工有两种常用方法：一种是用镗孔的方法预留铰削余量，这种方法能弥补钻孔所带来的轴线歪斜或径向跳动等缺陷，使铰孔达到同轴度和垂直度的要求；另一种是当孔径 $D < 12mm$ 时，用镗孔预留铰削余量比较困难，通常就采用扩孔或粗铰的方法进行铰孔前的半精加工。由于扩孔或粗铰本身不能修正钻孔造成的缺陷，因此在钻孔时要采取定中心措施，例如，用钻中心孔的方法作为钻头导向或用挡铁支顶等，尽可能地减少钻头的摆动量。

（2）合理使用铰刀

铰刀是定尺寸精加工刀具，使用合理与否，将直接影响铰孔的质量。铰刀的磨损主要发生在切削部分和校准部分交接处的后刀面上。随着磨损量的增加，切削刃钝圆半径也逐渐加大，致使铰刀切削能力降低，挤压作用明显，铰孔质量下降。实践证明，使用过程中若经常用油石研磨此交接处，可提高铰刀的耐用度。铰削后孔径是扩大或收缩以及其数值的大小，与具体加工情况有关。在批量生产时，应根据现场经验或通过试验来确定，然后才能确定铰刀外径并研磨。铰孔前孔口要先倒角，这样容易使铰刀切入。

为了避免铰刀轴线或进给方向与机床回转轴线不一致，出现孔径扩大或"喇叭口"现象，铰刀和机床可采用浮动夹头来装夹刀具。

（3）手铰比机铰加工质量高

其原因是切削速度低，切削温度也低，不易产生积屑瘤，刀具尺寸变化小，但只适用于单件小批生产。在车床上铰削时，先把机用铰刀装在尾座套筒（或浮动套筒）中，并把尾座移动到适当位置，用手均匀进给铰削。

（4）铰孔的精度和表面粗糙度主要取决于铰刀的精度、安装方式、铰削余量、切削用量和切削液等条件例如，在相同的条件下，在钻床上铰孔和在车床上铰孔所获得的精度和表面粗糙度基本一致。

5.铰孔时的注意事项

（1）铰孔前工件孔口要先倒角，这样容易使铰刀切入。

（2）铰孔前先用试棒和千分表把尾座中心调整到与机床主轴旋转中心重合。

（3）铰孔时切削刃超出孔末端约3/4时，即反向摇动尾座手轮，将铰刀从孔内退出。注意机床主轴仍保持顺转不变，切不可反转，以防损坏铰刀刃口。

（4）铰刀的刀刃必须很好保护，不准碰毛。

（5）铰刀用钝以后，应到工具磨床上修磨，不要用油石去研磨刃带。

（6）铰刀用毕以后要擦拭、清洁，涂上防锈油。

6.钻床夹具的典型结构形式

在钻床上进行钻、扩、铰、锪、攻螺纹等加工所用的夹具称为钻床夹具，简称钻模。它主要由钻套、钻模板、定位元件、夹紧装置和夹具体组成。

（1）钻床夹具的主要类型

钻床夹具的类型较多，一般分为固定式、回转式、翻转式、盖板式和滑柱式等几种类型。

①固定式钻模

在使用中，这类钻模与工件在机床上的位置固定不动，而且加工精度较高，主要用于立式钻床上加工直径较大的单孔或摇臂钻床加工平行孔系。

②回转式钻模

这类钻模上带有回转分度装置，在不松开工件的情况下可加工分布在同一圆周上的多个轴向平行孔、垂直和斜交于工件轴线的多个径向孔或几个表面上的孔。

工件在一次装夹中，靠钻模依次回转加工各孔，因此这类钻模必须有分度装置。回转式钻模使用方便、结构紧凑，在成批生产中广泛使用。一般为缩短夹具设计和制造周期，提高工艺装备的利用率，夹具的回转分度部分多采用标准回转工作台。

③翻转式钻模

夹具体在几个方向上有支承面，加工时用手将其翻转到各个所需的方向进行钻孔，适用于加工小型工件不同表面上的孔，孔径小于10mm。它可以减少工件安装次数，提高被加工孔的位置精度。其结构较简单，加工时钻模一般用手工进行翻转，所以夹具及工件质量应小于 10kg 为宜。

④盖板式钻模

这种钻模只有钻模板而无夹具体，其定位元件和夹紧装置直接装在钻模板上。使用时把钻模板直接安装在工件的定位基面上，适用于体积大而笨重的工件上的小孔加工。夹具结构简单、轻便，易清除切屑；但是每次加工，夹具须在工件上装卸，较费时，此类钻模的质量一般不宜超过 10kg。

⑤滑柱式钻模

滑柱式钻模是一种带有升降钻模板的通用可调夹具，其结构已标准化、规格化。这种钻模结构简单、操作方便，生产中应用较广。

手动滑柱式钻模的机械效率较低，夹紧力不大，由于导向柱和导孔为间隙配合（一般为 H7/f7），因此被加工孔的垂直度和孔的位置尺寸难以达到较高的精度。但是其自锁性能可靠、结构简单、操作方便、动作迅速，具有通用可调的优点，所以在各种生产类型中广泛应用，特别适用于加工中、小型零件。

除手动外，滑柱式钻模还可以采用其他动力装置，如气动、液压等。

（2）钻模的设计要点

①钻模类型的选择

在设计钻模时，要根据工件的形状、尺寸、质量和加工要求，并考虑生产批量、工厂工艺装备的技术状况等具体条件，选择钻模类型和结构。在选型时要注意以下几点：

a. 工件被加工孔径大于 10mm 时，宜采用固定式钻模（特别是钢件），因此其夹具体上应有专供夹压用的凸缘或凸台。

b. 当工件上加工的孔处在同一回转半径，且夹具的总压力超过 100N 时，应采用具有分度装置的回转钻模，如能与通用回转台配合使用则更好。

c. 当在一般的中型工件某一平面上加工若干个任意分布的平行孔系时，宜采用固定式钻模，在摇臂钻床上加工；大型工件则可采用盖板式钻模，在摇臂钻床上加工。如生产批量较大，则可在立式钻床或组合机床上，采用多轴传动头加工。

d. 对于孔的垂直度允差大于 0.1mm 和孔距位置允差大于 ±0.15mm 的中、小型工件，宜优先采用滑柱式钻模，以缩短夹具的设计制造周期。

②钻套的选择和设计

钻套（drill bushing）安装在钻模板或夹具体上，用来确定工件上加工孔的位置，引导刀具（也可引导扩孔钻或铰刀）进行加工，提高加工过程中工艺系统的刚性并防震。钻套可分为标准钻套和特殊钻套两大类。标准钻套又分为固定钻套、可换钻套和快换钻套。

a. 固定钻套

固定钻套分为 A、B 型两种，钻套安装在钻模板或夹具体中，其配合为 H7/n6 或 H7/r6。固定钻套的结构简单，钻孔精度高，但磨损后不能更换，适用于单一钻孔工序和单件小批生产。

b. 可换钻套

当工件为单一钻孔工序的大批量生产时，为便于更换磨损的钻套，选用可换钻套。钻套与衬套之间采用 H7/g6 或 H7/h6 配合，衬套与钻模板之间采用 H7/n6 或 H7/r6 配合。螺钉能防止加工时钻套的转动或退刀时随刀具自行拔出。

c. 快换钻套

当工件须钻、扩、铰多工步加工时，为能快速更换不同孔径的钻套，应选用快换钻套。快换钻套的有关配合同可换钻套。

更换钻套时，不用卸下螺钉，逆时针旋转钻套即可取下。削边的方向应考虑刀具的旋向，注意从钻头尾端向尖端看，以钻头旋转方向为参照，钻套肩部台阶面位置应始终位于削边位置后面，以免钻套随刀具自行拔出。

d. 特殊钻套

当工件的结构形状或被加工孔位置不适合采用标准钻套时，可自行设计与工件相适应的特殊钻套。

③钻套内孔基本尺寸及公差配合的选择

a. 钻套内孔

钻套内孔（又称导孔）直径的基本尺寸应为刀具刃部的最大极限尺寸，并采用基轴制间隙配合。

钻套引导刀具非刃部而是导向部分时，按基孔制的相应配合选取，如 H7/f7、H7/g6、H6/g5 等。

钻套引导刀具刃部时，钻孔或扩孔时其公差取 F7 或 F8；粗铰时取 G7，精铰时取 G6。

b. 导向长度 H

钻套的导向长度 H 对刀具的导向作用影响很大。H 较大时，刀具在钻套内不易产生偏斜，但会加快刀具与钻套的磨损；H 过小时，则钻孔时导向性不好。通常取导向长度 H

与孔径之比为 $H/d=1 \sim 2.5$。当加工精度要求较高或加工的孔径较小时，由于所用的钻头刚性较差，则 H/d 值可取大些，如钻孔直径 $d < 5mm$ 时，应取 $H/d \geqslant 2.5$；如加工两孔的距离公差为 $\pm 0.05mm$ 时，可取 $H/d=2.5 \sim 3.5$；加工斜孔时，可取 $H/d=4 \sim 6$。

c. 排屑间隙 h

排屑间隙 h 是指钻套底部与工件表面之间的空间。如果 h 太小，则切屑排出困难，会损伤加工表面，甚至还可能折断钻头；如果 h 太大，则会使钻头的偏斜增大，影响被加工孔的位置精度。一般加工铸铁件时，$h=0.3 \sim 0.7d$；加工钢件时，$h=0.7 \sim 1.5d$。式中 d 为所用钻头的直径。对于位置精度要求很高的孔或在斜面上钻孔时，可将 h 值取得尽量小些，甚至可以取为零；加工斜孔时，$h=0 \sim 0.2d$。

d. 钻套材料

钻套必须有很高的硬度和耐磨性，常用材料为 T10A、T12A、CrMn 或 20 渗碳钢。一般 d ≤ 10mm 时，用 CrMn；d ≤ 25mm 时，用 T10A 或 T12A，经淬硬至 58 ~ 64HRC；d > 25mm，用 20 渗碳钢经渗碳（深度 0.8 ~ 1.2mm）淬火至 58 ~ 64HRC。

（3）钻模板类型及其设计要点

①钻模板类型

用于安装钻套，确保钻套在钻模上的正确位置。钻模板通常是装配在夹具体或支架上，或与夹具体上的其他元件相连接，常见的有以下几种类型：

a. 固定式钻模板

这种钻模板是直接固定在夹具体上的，故钻套相对于夹具体也是固定的，钻孔精度较高，结构简单，制造容易。但是这种结构对某些工件而言，装拆不太方便。

b. 铰链式钻模板

这种钻模板通过铰链与夹具体固定支架相连接，钻模板可绕铰链销翻转。当钻模板妨碍工件装卸或钻孔后须扩孔、攻螺纹时常采用这种结构。

c. 可卸式钻模板

可卸式钻模板又称分离式钻模板，当装卸工件必须将钻模板取下时，应采用可卸式钻模板。这类钻模板钻孔精度比铰链式钻模板高，但每装卸一次工件就须装卸一次钻模板，装卸时间较长，效率较低。

②钻模板的设计要点

在设计钻模板的结构时，主要根据工件的外形大小、加工部位、结构特点、生产规模以及机床类型等条件而定。要求所设计的钻模板结构简单、使用方便、制造容易，并注意以下几点：

a. 在保证钻模板有足够刚度的前提下，要尽量减轻其质量。在生产中，钻模板的厚度往往按钻套的高度来确定，一般在 15～30mm 之间。如果钻套较高，可将钻模板局部加厚，设置加强肋。此外，钻模板一般不宜承受夹紧力。

b. 钻模板上安装钻套的底孔与定位元件间的位置精度直接影响工件孔的位置精度，因此至关重要。在上述各钻模板结构中，以固定式钻模板钻套底孔的位置精度最高，以悬挂式钻模板钻套底孔的位置精度最低。

c. 焊接结构的钻模板往往因焊接内应力不能彻底消除，而不易保持精度。一般当工件孔距公差大于 ±0.1mm 时方可采用。若孔距公差小于 ±0.05mm 时，应采用装配式钻模板。

d. 要保证加工过程的稳定性。如用悬挂式钻模板，则其导柱上的弹簧力必须足够大，以使钻模板在夹具体上能维持所需的定位压力。当钻模板本身的质量超过 80kg 时，导柱上可不装弹簧；为保证钻模板移动平稳和工作可靠，当钻模板处于原始位置时，装在导柱上经过预压的弹簧长度一般不应小于工作行程的 3 倍，其预压力不小于 150N。

（五）镗孔技术

镗孔（boring）是用镗刀对锻出、铸出或已钻出孔进一步加工的方法，可以分为粗镗、半精镗和精镗。镗孔可扩大孔径、提高精度、减小表面粗糙度，还可以较好地纠正原来孔轴线的偏斜。精镗孔的尺寸精度可达 IT8～IT7，表面粗糙度 Ra 值为 1.6～0.8μm。对于直径较大的孔，几乎全部采用镗孔的方法。

（六）拉孔（broaching）技术

在拉床上用拉刀加工工件的工艺过程，称为拉削加工。拉削过程中，一般工件不动，机床只有主运动，即拉刀的直线运动，进给量是由拉刀的齿升量来实现的。

拉削工艺范围广，不仅可以加工各种形状的通孔，还可以拉削平面及各种组合成形表面。由于受拉刀制造工艺以及拉床动力的限制，过小或过大尺寸的孔均不适宜拉削加工（拉削孔径一般为 10～100mm，一般孔的深径比 $L/D \leqslant 5$），盲孔、台阶孔和薄壁孔也不适宜拉削加工，某些复杂工件的孔也不宜进行拉削，如箱体上的孔。

拉削的生产效率高，加工质量好，精度一般为 IT8～IT7，表面粗糙度 R_a 值为 1.6～0.8μm。

1. 拉床

拉床是用拉刀加工工件各种内外成形表面的机床。按工作性质的不同，拉床可分为内拉床和外拉床。拉床一般都是液压传动，只有主运动，结构简单。液压拉床的优点是运动平稳，无冲击震动，拉削速度可无级调节，拉力大小可通过调节压力来控制。

2.拉刀

拉刀是用于拉削的成形刀具。拉刀是多齿刀具，刀具表面上有多排刀齿，各排刀齿的尺寸和形状从切入端至切出端依次增加和变化。在拉削时，由于切削刀齿的齿高逐渐增大，每个刀齿只切下一层较薄的切屑，最后由后面几个刀齿对孔进行校准。拉刀切削时不仅参加切削的刀刃长度长，而且同时参加切削的刀齿也多，孔径能在一次拉削中完成。因此，它是一种高效率的加工方法。

拉刀按加工表面部位的不同，分为内拉刀和外拉刀；按工作时受力方式的不同，分为拉刀和推刀，推刀常用于校准热处理后的型孔。

拉刀常用高速钢整体制造，也可做成组合式。硬质合金拉刀一般为组合式，但硬质合金拉刀制造困难。

拉刀的种类虽多，但结构都类似。普通圆孔拉刀的结构如下：

（1）柄部

用拉床夹头夹持拉刀，带动拉刀进行拉削。

（2）颈部

是前柄与过渡锥的连接部分，可在此处打标记。

（3）过渡锥

起对准中心的作用，使拉刀顺利进入工件预制孔中。

（4）前导部

起导向和定心作用，防止拉孔歪斜，并可检查拉削前的孔径尺寸是否过小，以免拉刀第一个切削齿载荷太重而损坏。

（5）切削部

承担全部余量的切除工作，由粗切齿、过渡齿和精切齿组成。

（6）校准部

用以校正孔径，修光孔壁，并作为精切齿的后备齿。

（7）后导部

用以保持拉刀最后正确位置，防止拉刀在即将离开工件时，工件下垂而损坏已加工表面或刀齿。

（8）后托柄

用作直径大于 60mm、既长又重拉刀的后支承，防止拉刀下垂。直径较小的拉刀可不设后托柄。

3. 拉削工艺特点

（1）拉削时拉刀多齿同时工作，在一次行程中完成粗、精加工，因此生产率高。

（2）拉刀为定尺寸刀具，且有校准齿进行校准和修光；拉床采用液压系统，拉削速度很低，切削厚度薄，不易产生积屑瘤，因此拉削过程平稳，加工质量较高。

（3）由于一把拉刀只适用于一种规格尺寸的表面，且拉刀制造复杂、成本昂贵，所以拉削主要用于大批量生产或定型产品的成批生产。

（4）拉削过程和铰孔相似，都是以被加工孔本身作为定位基准，因此不能纠正孔的位置误差。

（七）磨孔技术

磨孔（grinding）常常作为孔的精加工方法，特别是对于淬硬工件的孔加工，它是主要的加工方法。磨孔时，砂轮的尺寸受被加工孔径尺寸的限制，一般砂轮直径为工件孔径的 50%～90%。磨头轴的直径和长度也取决于被加工孔的直径和深度。故磨削速度低，磨头的刚度差，磨削质量和生产率均受到影响。

内孔磨削可以磨削圆柱孔（通孔、盲孔、阶梯孔）、圆锥孔及孔端面等，采用内圆磨床或万能外圆磨床进行加工。其中，内圆磨床的主要类型有普通内圆磨床、半自动内圆磨床、无心内圆磨床、坐标磨床和行星内圆磨床等。不同类型的内圆磨床其磨削方法是不相同的，其中以普通内圆磨床应用最广。

1. 普通内圆磨床

（1）内圆磨床组成

普通内圆磨床主要由床身、工作台、头架、砂轮架和滑鞍等组成。磨削时，砂轮轴的旋转为主运动，头架带动工件旋转运动为圆周进给运动，工作台带动头架完成纵向进给运动，横向进给运动由砂轮架沿滑鞍的横向移动来实现。磨锥孔时，须将头架转过相应角度。

普通内圆磨床的另一种形式为砂轮架安装在工作台上做纵向进给运动。

（2）普通内圆磨床的磨削方法

磨削时，根据工件的形状和尺寸不同，可采用纵磨法，有些普通内圆磨床上备有专门的端磨装置，可在一次装夹中磨削内孔和端面，这样不但容易保证内孔和端面的垂直度，而且生产效率较高。

（3）内圆磨削的工艺特点

内圆磨削与外圆磨削相比，有以下特点：

①砂轮直径受到被加工孔径的限制，直径较小，砂轮很容易磨钝，需要经常修整和更换，增加了辅助时间，降低了生产率。

②砂轮直径小，即使砂轮转速高达每分钟几万转，要达到砂轮圆周速度 $25 \sim 30\mathrm{m/s}$ 也是十分困难的。由于磨削速度低，因此内圆磨削比外圆磨削效率低。

③砂轮轴的直径尺寸较小，而且悬伸较长、刚性差，磨削时容易发生弯曲和震动，从而影响加工精度和表面粗糙度。内圆磨削精度可达 IT8 $\sim$ IT6，表面粗糙度 R_a 值可达 $0.8 \sim 0.2\mu\mathrm{m}$。

④切削液不易进入磨削区，磨屑排除较外圆磨削困难。

虽然内圆磨削比外圆磨削加工条件差，但仍然是一种常用的孔精加工方法，特别适用于淬硬的孔、断续表面的孔（有键槽或花键的孔）、阶梯孔、盲孔及长度较短的精密孔加工。磨孔不仅能保证孔本身的尺寸精度和表面质量，还能提高孔的位置精度和轴线的直线度；用同一砂轮，可以磨削不同直径的孔，灵活性较大。

2. 无心内圆磨床磨削

磨削时，工件支承在滚轮和导轮上，压紧轮使工件紧靠在导轮上，工件即由导轮带动旋转，实现圆周进给运动。

（八）内孔的精密加工技术

套筒类零件内孔加工精度很高和表面粗糙度值很小时，内孔精加工之后还要进行精密加工。常用的精密加工方法有精细镗、珩磨、研磨、滚压等。

1. 高速精细镗

高速精细镗是近年来发展起来的一种很有特色的镗孔方法。由于最初是使用金刚石做刀具材料，所以又称金刚镗。这种方法广泛应用于不适宜采用内圆磨削加工的有色金属合金及铸铁的套筒内孔精密加工，例如，发动机的气缸孔、连杆孔、活塞销孔以及变速箱的主轴孔等。由于高速精细镗切削速度高和切屑截面很小，因而切削力非常小，这就保证了加工过程中工艺系统弹性变形小，可获得较高的加工精度和表面质量，孔径精度可达 IT7 $\sim$ IT6 级，表面粗糙度 R_a 可达 $0.8 \sim 0.1\mu\mathrm{m}$。孔径在 $15 \sim 100\mathrm{mm}$ 范围内，尺寸误差可保持在 5～8μm 以内，还能获得较高的孔轴心线的位置精度。为保证加工质量，高速精细镗常分预、终两次进给。

目前普遍采用硬质合金 YT30、YT15、YG3X，人工合成金刚石和立方氮化硼作为高速精细镗刀具的材料，刀具主要特点是主偏角较大（45～90°），刀尖圆弧半径较小，故径向切削力小，有利于减小变形和震动。当要求表面粗糙度 R_a 小于 0.08μm 时，须使用金刚石刀具，金刚石刀具主要适用于铜、铝等有色金属及其合金的精密加工。

为获得高的加工精度和小的表面粗糙度值，减少切削变形对加工质量的影响，高速精细镗常采用精度高、刚性好、传动平稳、能实现微量进给、具有高转速的金刚镗床，并使切削速度较高（切钢件为 200m/min、切铸件为 100m/min、切铝合金件为 300m/min），加工余量较小（0.2～0.3mm），进给量也较小（0.03～0.08mm/r），以保证工件加工质量。

2. 珩磨

珩磨是磨削加工的一种特殊形式，是用 4～6 根砂条组成的珩磨头加工内孔的一种高效率光整加工方法，在磨削或精镗的基础上进行。珩磨的加工精度高，珩磨后尺寸公差等级为 IT7～IT6 级，表面粗糙度 R_a 值为 0.2～0.04μm。

珩磨的加工范围很广，可加工铸铁件、淬硬或不淬硬的钢件以及青铜件等，但不宜加工易堵塞油石的塑性金属。珩磨加工的孔径范围为 5～500mm，也可加工 L/D＞10 的深孔，因此广泛用于加工发动机的气缸、液压缸筒以及各种炮筒内孔等。

（1）珩磨原理

在一定压力下，珩磨头上的砂条（油石）与工件加工表面之间产生复杂的相对运动，珩磨头上的磨粒起切削、刮擦和挤压作用，从加工表面上切下极薄的金属层。

（2）珩磨方法

珩磨所用的刀具是由若干砂条（油石）组成的珩磨头，四周砂条能做径向张缩，并以一定的压力与孔表面接触。珩磨头上的砂条有三种运动，即旋转运动、往复运动和加压力的径向运动。珩磨头与工件之间的旋转和往复运动，使砂条的磨粒在孔表面上的切削轨迹形成交叉而又不相重复的网纹。珩磨时砂条便从工件上切去极薄的一层材料，并在孔表面形成交叉而不重复的网纹切痕，这种交叉而不重复的网纹切痕有利于储存润滑油，使工件表面之间易形成一层油膜，从而减少工件间的表面磨损。

（3）珩磨的特点

①珩磨时，砂条与工件孔壁的接触面积很大，磨粒的垂直负荷仅为磨削的

1/50～1/100。此外，珩磨的切削速度较低，一般在 100m/min 以下，仅为普通磨削的 1/30～1/100。在珩磨时，注入的大量切削液，可使脱落的磨粒及时冲走，还可使加工表面得到充分冷却，所以工件发热少、不易烧伤，而且变形层很薄，从而可获得较高的表面质量。

②珩磨可达较高的尺寸精度、形状精度和较小值的表面粗糙度。由于在珩磨时，加工表面的凸出部分总是先与砂条接触而被磨去，直至砂条与工件表面完全接触，因而珩磨能对前道工序遗留的几何形状误差进行一定程度的修正，如孔的形状误差一般小于 0.005mm。

③珩磨头与机床主轴采用浮动连接。珩磨头工作时，由工件上已有孔壁做导向，沿预加工孔的中心线做往复运动，故珩磨加工不能修正孔的相对位置误差。因此，珩磨前在孔精加工工序中必须安排预加工以保证其位置精度。

（4）珩磨余量的确定

一般镗孔后的珩磨余量为 0.05～0.08mm，铰孔后的珩磨余量为 0.02～0.04mm，磨孔后珩磨余量为 0.01～0.02mm。余量较大时可分粗、精两次珩磨。

（5）珩磨的生产率高

机动时间短，珩磨一个孔仅需 2～3min，加工质量高。

3. 研磨

研磨也是孔常用的一种光整加工方法，需要在精镗、精铰或精磨之后进行。

研磨内孔的原理与研磨外圆相同。在研具与工件加工表面之间加入研磨剂，在一定压力下两个表面做复杂的相对运动，使磨粒在工件表面上滚动或滑动，起切削、刮擦和挤压作用，从加工表面上切下极薄的一层材料，得到尺寸精度极高和表面粗糙度值极小的表面。按研磨方式可分为手工研磨和机械研磨两种。金属材料和非金属材料都可加工，如钢、铸铁、铜、铝、硬质合金等金属材料以及半导体、陶瓷、光学玻璃等非金属材料。

研磨具有如下特点：

（1）所有研具采用比工件软的材料制成，这些材料为铸铁、铜、青铜、巴氏合金及硬木等，有时也可用钢做研具。研磨时，部分磨粒悬浮于工件与研具之间，部分磨粒则嵌入研具的表面层，工件与研具做相对运动，磨料就在工件表面上切除很薄的一层金属（主要是上道工序在工件表面上留下的凸峰）。

（2）研磨不仅是用磨粒加工金属的机械加工过程，同时还有化学作用。磨料混合液（或研磨膏）使工件表面形成氧化层，使之易于被磨料所切除，因而大大加速了研磨过程的进行。

（3）研磨时研具和工件的相对运动是较复杂的，因此，每一磨粒不会在工件表面上重复自己的运动轨迹，这样就能均匀地切除工件表面的凸峰。

（4）因为研磨是在低速、低压下进行的，所以工件表面的形状精度和尺寸精度高（IT6～IT5级），表面粗糙度 R_a 值为 0.1～0.008 μm，且具有残余压应力及轻微的加工硬化，但不能提高工件表面间的位置精度，孔的位置精度只能由前道工序保证。

（5）研磨多用于手工操作，工作量大，工人劳动强度较大，生产率低，通常用于批量不大且直径较小的孔。手工研磨之前孔必须经过磨削、精铰或精镗等工序，对于中小尺寸的孔，研磨余量约为 0.025 mm。

（6）壳体或缸筒类零件的大孔需要研磨时，可在钻床或改装的简易设备上进行，由研磨棒同时做旋转运动和轴向移动；机动研磨对机床设备的精度条件要求不高，因研磨棒与机床主轴须浮动连接，否则研磨棒轴线与孔轴线发生偏斜时，将造成孔的形状误差。

4.滚压

内孔的滚压原理与滚压外圆相同，是利用经过淬硬和精细抛光过的、可自由旋转的滚柱或滚珠，对工件表面进行挤压，以提高加工表面质量的一种机械强化加工方法。滚压加工可减小表面粗糙度值 2～3 级，提高硬度 10%～40%，表面层耐疲劳强度一般提高 30%～50%。近年来已用滚压工艺代替珩磨工艺，效果很好，内孔经滚压后，精度在 0.01 mm 以内，表面粗糙度 R_a 约为 0.1 μm，且表面硬化耐磨，生产效率提高了数倍。目前对铸件滚压工艺尚未采用，原因是滚压对铸件的质量有很大的敏感性，铸件硬度不均，表面疏气孔和砂眼等缺陷对滚压有很大影响。

（九）孔的特种加工技术简介

随着科学技术的进步和生产发展的需要，许多高熔点、高硬度、高强度、高脆性、高韧性等难切削材料不断出现，同时各种复杂结构与特殊工艺要求的零件也越来越多，采用传统的切削加工方法往往难以满足要求，各种特种加工方法相继出现，迅速发展。

特种加工方法是直接利用电能、化学能、声能和光能进行加工的方法，主要用于对硬质合金、钛合金、耐热钢、不锈钢、淬火钢、金刚石、宝石、陶瓷等切削性能较差材料的加工，以及各种模具上特殊断面的型孔、喷油嘴和喷丝头上的小孔、窄缝和高精度细长零件、薄壁零件、弹性元件等低刚度零件的加工。常用的特种加工方法有电火花加工、电解加工、超声波加工、激光加工、电子束加工、粒子束加工、振动切削加工等。当前，许多特种加工正在向高精度、高表面质量方向发展，出现了精密电火花加工和精密电解加工，开展了提高激光加工精度（如加工小孔）的研究。有些加工方法，如电子束加工、粒子束加工本身就是一种超精密加工方法，是原子、分子加工单位级的水平，这些方法可以去除、沉积一个分子和一个原子。因此，特种加工具有以下特点：

1. 特种加工主要不是依靠刀具和磨料来进行切削，而是利用电能、光能、声能、热能和化学能等来去除零件上的多余金属和非金属材料，因此工件和工具之间没有明显的切削力，只有微小的作用力，两者在机理上有很大不同。

2. 特种加工不仅可以去除零件上的多余金属和非金属材料，还可以进行附着加工、结合加工和注入加工。附着加工可使工件被加工表面覆盖一层材料，即镀膜等；结合加工是使两个工件或两种材料结合在一起，如激光焊接、化学黏接等；注入加工是将某些金属离子注入工件表层，以改变工件表层的结构，达到要求的物理力学性能。

3. 特种加工中刀具的硬度和强度可以低于工件的硬度和强度，因为它主要不是靠机械力来切削，有些刀具甚至无损耗，如激光加工、电子束加工、离子束加工等。

（十）孔加工的特点

由于孔加工在工件内部进行，对加工过程的观察、控制困难，加工难度要比外圆表面等开放型表面的加工大得多，测量内孔也比测量外圆困难。孔加工主要有以下特点：

1. 孔加工刀具多为定尺寸刀具（如钻头、铰刀、拉刀等），在加工过程中刀具磨损造成的形状和尺寸的变化会直接影响被加工孔的精度。

2. 由于受被加工孔径大小的限制，切削速度很难提高，影响加工效率和加工表面质量，尤其是在对较小的孔进行精密加工时，为达到所需的速度，必须使用专门的装置，对机床性能也提出了更高的要求。

3. 刀杆尺寸由于受孔径和孔深的限制，不能做得太粗，又不能太短，刚性较差，在加工时，由于轴向力的影响，容易产生弯曲变形和震动，孔的长径比（L/D，深度与直径之比）越大，刀具刚性对加工精度的影响就越大。

4. 孔加工时，刀具一般是在半封闭的空间工作，切屑排除困难；冷却液难以进入加工区域，散热条件不好，切削区热量集中，温度较高，影响刀具的耐用度和加工质量。

二、内沟槽车削技术

（一）常见内沟槽种类

内沟槽在机器零件中起退刀、密封、定位、通气等作用。按沟槽的截面形状分，常见的内沟槽有矩形（直槽）、圆弧形、梯形等几种；按沟槽所起的作用不同又可分为退刀槽、空刀槽、密封槽和油、气通道槽等几种。

1.退刀槽

当不是在内孔的全长上车内螺纹时，需要在螺纹终了位置处车出直槽，以便车削螺纹时把螺纹车刀退出。

2.空刀槽

空刀槽的形状也是直槽。空刀槽的作用有以下几种：

（1）在内孔车削或磨削内台阶孔时，为了能消除内圆柱面和内端面连接处不能得到直角的影响，通常需要在靠近内端面处车出矩形空刀槽来保证内孔和内端面垂直。

（2）当利用较长的内孔作为配合孔使用时，为了减少孔的精加工时间，在配合时使孔两端接触良好、保证有较好的导向性，常在内孔中部车出较宽的空刀槽。这种空刀槽常用在有配合要求的套筒类零件上，如套装刀具、圆柱铣刀、齿轮滚刀等。

（3）当需要在内孔的部分长度上加工出纵向沟槽时，为了断屑，必须在纵向沟槽终了的位置上车出矩形空刀槽。

3.密封槽

其截面形状是梯形，可以在它的中间嵌入油毡，防止润滑滚动轴承的油脂渗漏。另一种是圆弧形的，用来防止稀油渗漏。

4.油、气通道槽

在各种油、气滑阀中，多用矩形内沟槽作为油、气通道。这类内沟槽的轴向位置有较高的精度要求，否则油、气应该流通时不能流通，应该切断时不能切断，使滑阀不能工作。

（二）内沟槽车刀的选用

内沟槽车刀刀头部分形状和主要切削角度与矩形外沟槽车刀（切断刀）基本相似，只是装夹方向相反。内沟槽车刀有整体式和装夹式两种，整体式用于孔径较小的工件，装夹式用于孔径较大的工件。

（三）内沟槽车刀的装夹

1.使用装夹式内沟槽车刀应正确选择刀柄直径，刀头伸出长度应大于槽深 $1 \sim 2mm$，同时要保证刀头伸出长度加上刀柄直径应小于内孔直径。

2.由于内沟槽通常与孔轴线垂直，因此要求内沟槽车刀的刀体与刀柄轴线垂直。装夹时内沟槽车刀主切削刃应与内孔素线平行，否则会使槽底歪斜。装夹时先用刀架螺钉将车刀轻轻固定，然后摇动车床床鞍手轮，使车刀进入孔口；摇动中滑板手柄，使主切削刃靠近孔壁，目测主切削刃与内孔素线是否平行，不符要求可轻轻敲市刀杆使其转动，达到平行后，即可拧紧刀架螺钉，将车刀固定。

3. 摇动床鞍手轮使沟槽车刀在孔内试移动一次，检查刀杆与孔壁是否相碰。

（四）内沟槽车削技术

内沟槽车削方法与车外沟槽基本相似。窄沟槽可利用主切削刃宽度等于槽宽的内沟槽车刀采用一次直进法车削。要求较高或较宽的内沟槽，可采用多次直进法车削；粗车时，槽壁和槽底留精车余量，然后根据槽宽、槽深进行精车；如沟槽深度较浅，宽度又较大时，采用纵向进给法，用盲孔粗车刀先车出凹槽，再用内沟槽车刀车沟槽两端垂直面。

直进法车削内沟槽时，内沟槽车刀横向进给，此时进给量不宜太快，$0.1 \sim 0.2\,\text{mm/r}$。

（五）内沟槽的测量

深度较深的内沟槽一般用弹簧卡钳测量；内沟槽直径较大时，可用弯脚游标卡尺测量；内沟槽的轴向尺寸可用钩形游标深度卡尺测量；内沟槽的宽度可用样板或游标卡尺（当孔径较大时）测量。

三、套螺纹和攻螺纹技术

除了车螺纹外，对于直径和螺距较小的螺纹，可以用板牙套螺纹、丝锥攻螺纹。

板牙和丝锥均为成形、多刃螺纹切削工具。使用板牙、丝锥加工螺纹，操作简单，可以一次切削成形，生产效率较高。

（一）套螺纹技术

用板牙在圆柱件上套螺纹，一般用在不大于 M16 或螺距小于 2 mm 的外螺纹。

1. 板牙类型

板牙类型有固定式和开缝式（可调式）两种。

2. 套螺纹工具

车床用套螺纹工具，在工具体左端孔内可装夹板牙，螺钉用于固定板牙，套筒上有长槽，套螺纹时工具体可自动随着螺纹向前移动。销钉用来防止工具体切削时转动。

3. 对套螺纹前的工件要求

为了保证套螺纹时牙型正确（不乱牙）、齿面光洁，对套螺纹前的工件要求如下：

（1）螺纹大径应车到下偏差，保证在套螺纹时省力，且板牙齿部不易崩裂。

（2）工件的前端面应加工出小于 45° 的倒角、直径小于螺纹的小径，使板牙容易切入。

（3）装夹在套螺纹工具上的板牙的两平面，应与车床主轴轴线垂直。

（4）尾座套筒轴线与主轴轴线应同轴，水平偏移不应大于 0.05mm。

4. 套螺纹技术

（1）手工套螺纹

套螺纹前应检查外圆直径，太大难以套入，太小则套出螺纹不完整。

套螺纹的外圆必须倒角。手工套螺纹时板牙端面与外圆轴线垂直，开始转动板牙架时，要稍加压力，套入几扣后，即可转动，不再加压。套螺纹过程中要时常反转，以便断屑。在钢件上套螺纹时，应加注机油润滑。

（2）用车床套螺纹

套螺纹时，先把螺纹大径车至要求并倒角，接着把装有套螺纹工具的尾座拉向工件，不能跟工件碰撞，然后固定尾座，开动车床，转动尾座手柄，当工件进入板牙后，手柄就停止转动，由工具体自动轴向进给。当板牙切削到所需要的长度尺寸时，主轴迅速倒转，使板牙退出工件，螺纹加工即完成。

5. 套螺纹时切削速度和切削液的选用

一般钢件为 2～4m/min，铸铁、黄铜为 4～6m/min。在套螺纹时，正确选择切削液，可提高螺纹齿面的表面粗糙度和螺纹精度，钢件一般用乳化液或硫化切削油，铸铁可使用煤油。

（二）攻螺纹技术

用丝锥加工工件上的内螺纹，称攻螺纹（tapping）。直径较小或螺距较小的内螺纹可以用丝锥直接攻出来。

1. 丝锥结构形状

丝锥是加工内螺纹的标准刀具。常用的丝锥有：机用丝锥、手用丝锥、螺母丝锥和圆锥管螺纹丝锥等。

2. 机用丝锥攻螺纹

将丝锥装夹在套螺纹工具上。攻螺纹工具与套螺纹工具相似，只要将中间工具体改换成能装夹丝锥的工具体即可。

在车床上攻螺纹前，先进行钻孔，孔口倒角要大于内螺纹大径尺寸，并找正尾座套筒轴线与主轴轴线同轴，移动尾座向工件靠近，根据攻螺纹长度，在丝锥上做好长度标记。开车攻螺纹时，转动尾座手柄，使套筒跟着丝锥前进，当丝锥已攻进数牙时，手柄可停止转动，让攻螺纹工具自动跟随丝锥前进直到需要尺寸，然后开倒车退出丝锥。

3.手用丝锥攻螺纹

手用丝锥在车床上攻螺纹时，一般分头攻、二攻，依次攻入螺纹孔内，操作方法如下：

（1）用铰杠套在丝锥方榫上锁紧，用顶尖轻轻顶在丝锥尾部的中心孔内，使丝锥前端圆锥部分进入孔口。

（2）将主轴转速调整至最低速，以使卡盘在攻螺纹时不会因受力而转动。

（3）攻螺纹时，用左手扳动铰杠带动丝锥做顺时针转动，同时右手摇动尾座手轮，使顶尖始终与丝锥中心孔接触（不能太紧或太松），以保持丝锥轴线与机床轴线基本重合。攻入 1～2 牙后，用手逆时针扳铰杠半周左右以做断屑，然后继续顺时针扳转攻螺纹，顶尖则始终随进随退。随着丝锥攻进的深度增加而应该逐渐增加反转丝锥断屑的次数，直至丝锥攻出孔口 1/2 以上，再用二攻重复攻螺纹至中径尺寸。攻螺纹时应加注切削液润滑，以减小螺纹的表面粗糙度值。

（4）手工攻丝时，将丝锥头部垂直放入孔内，转动铰杠，适当加些压力，直至切削部分全部切入后，即可用两手平稳地转动铰杠，不加压力旋到底。

（5）如果攻不通孔内螺纹，由于丝锥前端有段不完全牙，因此钻孔深度要大于螺纹长度（一般深度长出 0.7× 螺纹外径）。螺纹攻入深度的控制方法有两种：一种是将螺纹攻入深度预先量出，用线或铁丝扎在丝锥上做记号。另一种方法是测量孔的端面与铰杠之间的距离。

（三）滚花技术简介

滚花是用滚花刀来挤压工件，使其表面产生塑性变形而形成的花纹。有些工具和机器零件的捏手部分，为了增加摩擦力和使零件美观，常常在零件表面上滚出不同的花纹。例如，千分尺上的微分筒，各种滚花螺母、螺钉等。这些花纹，一般是在车床上用滚花刀滚压而成的。

1.花纹的种类

花纹一般有直纹和网纹两种，并有粗、细之分。花纹的粗细由模数来决定，模数小、花纹细。

2.滚花刀

滚花刀可做成单轮和双轮，单轮滚花刀是滚直纹用的。双轮滚花刀是滚网纹用的，由一个左旋和一个右旋的滚花刀组成一组。

3.滚花方法

（1）滚花时会产生很大的径向挤压力，因此滚花前，根据工件材料的性质，须把滚花部分的直径车小 $0.8 \sim 1.2m$（m 为花纹模数）。

（2）把滚花刀装夹在刀架上，使滚花刀的表面与工件平行接触，注意滚花刀与工件对准中心。在滚花刀接触工件时，必须用较大的径向压力，使工件刻出较深的花纹，否则就容易产生乱纹。这样来回滚压 $1 \sim 2$ 次，直到花纹凸出为止。为了减少开始时的径向压力，可先把滚花刀表面宽度的一半与工件表面相接触，或把滚花刀装得与工件表面有一很小的夹角（类似车刀的副偏角），这样比较容易切入。

（3）在滚压过程中，须经常加润滑油和清除切屑，以免损坏滚花刀和防止滚花刀被切屑堵塞而影响花纹的清晰程度。

（4）滚花时应选择较低的切削速度。

（四）套筒类零件的装夹

套筒类零件加工时除保证尺寸精度外，还须同时保证各项形位公差，其中内、外表面间的同轴度以及内孔轴线与端面的垂直度，一般均要求较高，为保证这些位置精度通常采用以下装夹方法：

1. 在一次装夹中完成工件的内、外圆和端面的加工

对于尺寸不大的套筒零件，可用棒料毛坯，在一次装夹中完成外圆、内孔和端面的加工。这种方法消除了工件的安装误差，可获得较高的位置精度。只是这种方法对于尺寸较大（尤其是长径比较大）的套筒不便安装，且工序比较集中，加工过程中要多次换用不同的刀具和切削用量，故生产率不高，多用于单件小批生产的车削加工中。

2. 套筒类零件主要表面加工分在几次安装中进行

这时，又有两种不同的安排：

（1）先终加工孔，然后以孔为精基准最终加工外圆

这种方法由于所用夹具（通常为心轴）结构简单，且制造和安装误差较小，因此可获得较高的位置精度，在套筒类零件加工中一般多采用这种方法。

实际生产中，常用的心轴有以下几种类型：

①实体心轴

实体心轴有两种：小锥度心轴和间隙配合心轴。

a. 小锥度心轴

小锥度心轴的锥度为 $1 : 1000 \sim 1 : 5000$。这种心轴的优点是制造容易，加工出的

零件精度较高；缺点是轴向无法定位，承受切削力小，装卸不太方便。

b. 圆柱心轴

又称间隙配合心轴，它的圆柱部分与工件内孔保持较小的间隙配合，工件靠螺母、垫圈压紧。其优点是一次可以装夹多个零件，缺点是精度较低。如果采用开口垫圈，装卸工件会比较方便。

②涨胎心轴

涨胎心轴依靠材料弹性变形所产生的涨力来固定工件，由于装卸方便，精度较高，工厂中应用广泛。根据实践经验可知，涨胎心轴的锥角最好为30°左右，最薄部分壁厚3～6mm。为了使涨力保持均匀，槽子可做成三等分。临时使用的涨胎心轴可用铸铁做成，长期使用的涨胎心轴可用弹簧钢（65Mn）制成。

用心轴装夹工件虽然比较容易达到技术要求，但当加工内孔很小、外圆很大、定位长度较短的工件时，应该采用外圆为基准保证技术要求。

（2）先终加工外圆，然后以外圆为精基准最终加工孔

采用这种方法时，工件装夹迅速可靠，但因一般卡盘安装误差较大，加工后的工件位置精度较低。若要获得较高的同轴度，必须采用定心精度较高的夹具，如弹性膜片卡盘、液压塑料夹头、经过修磨的三爪自定心卡盘和"软爪"等。

①工件以外圆为基准保证位置精度时，零件的外圆和一个端面必须在一次装夹中先完成精加工，然后作为定位基准。

②以外圆为基准车削薄壁套筒时，要特别注意夹紧力引起的工件变形。工件外圆夹紧后会略微变成三角形，但车孔后所得的是一个圆柱孔；当松开卡爪拿下工件，它就弹性复原成外圆柱形，而内孔则变成弧形三边形。如用内径千分尺测量时，各个方向的内径 D 仍相等，但已变形，因此称为等直径变形。

③应用软爪卡盘装夹工件。软爪是用未经淬火的钢料（45钢）制成的。这种软爪可以自行制造，即把原来的硬卡爪前半部拆下。

软爪装夹工件的最大特点是可根据工件的形状需要车制软爪；工件虽经几次装夹，仍能保持一定的相互位置精度（一般在0.05mm以内），可减少大量的装夹找正时间；且当装夹已加工表面或软金属工件时，不易夹伤工件表面。软爪在企业生产中应用已越来越广泛。

四、减小和防止套筒类零件变形的工艺措施

套筒类零件的结构特点是孔壁一般较薄，加工过程中常因夹紧力、切削力、内应力和

切削热等因素的影响而产生变形。为减小和防止变形，工艺上常采用以下措施：

（一）粗、精加工分开进行

为减少切削力和切削热对加工精度的影响，将粗、精加工分开，粗车时夹紧力大些、精车时夹紧力小些，这样可以减少变形；且粗加工中产生的变形可在精加工中得以纠正。

（二）减少夹紧力的影响

1. 采用径向夹紧时，使用过渡套或弹簧套夹紧工作。当需要径向夹紧时，为减小夹紧变形和使变形均匀，尽可能使径向夹紧力沿圆周均匀分布，加工中使用过渡套或弹簧套来满足要求，这种方法还可以提高三爪自定心卡盘的安装精度，能达到较高的同轴度。

2. 夹紧力的位置宜选在零件刚性较强的部位，以改善夹紧变形。例如，在加工具有头部凸台的套筒类零件时，直接夹紧头部凸台处。

3. 改变夹紧力的方向，将径向夹紧改为轴向夹紧。变径向夹紧为轴向夹紧需要按外径或内孔沿圆周找正后，在端面或外圆台阶上施加轴向夹紧力。

4. 在零件上制出工艺凸台或工艺螺纹。工艺凸台也可提高工件被夹紧部位的刚度，工艺螺纹可使夹紧力均匀，它们都可以减少夹紧变形，加工终了时将凸边切除。

（三）减小切削力对变形的影响

1. 增大刀具主偏角和前角，使加工时刀刃锋利，减少径向切削力。

2. 将粗、精加工分开，使粗加工产生的变形能在精加工中得到纠正，并采取较小的切削用量。

3. 内外圆表面同时加工，使切削力抵消。

第八章
机械装配技术应用

第一节　产品工艺性分析

任何机器都是由零件、组件和部件等装配而成的。装配是机械制造过程中最后的工艺环节，它对机器质量影响很大。

若装配不当，质量全部合格的零件也不一定能装配出合格的产品；反之，若零件制造精度并不高，或存在某些质量缺陷时，只要在装配中采用适当的装配工艺方案，也能使产品达到规定的要求。因此，装配质量对保证产品质量具有十分重要的作用。

产品结构工艺性，是指所设计的产品在满足使用要求的前提下，制造、维修的可行性和经济性，包括产品生产工艺性和产品使用工艺性。前者是指其制造的难易程度与经济性，后者则指其在使用过程中维护保养和修理的难易程度与经济性。产品生产工艺性除零件的结构工艺性外，还包括产品结构的装配工艺性。产品结构的装配工艺性审查工作不仅贯穿在产品设计的各个阶段中，而且在装配工艺规程设计时，也要重点进行分析。

一、产品结构的装配工艺性分析

装配对产品结构的工艺性要求，主要是要容易保证装配质量、装配的生产周期要短、装配劳动量要少。归纳起来，有以下七条具体要求：

（一）结构的继承性好和"三化"程度高

能继承已有结构和"三化"（标准化、系列化和通用化）程度高的结构，装配工艺的准备工作少，装配时工人对产品比较熟悉，既容易保证质量，又能减少劳动消耗。

为了衡量继承性和"三化"程度，可用产品结构继承性系数 K_s、结构标准化系数 K_{st}

和结构要素统一化系数 K_e 等指标来评价装配工艺性。

（二）产品能分解成独立的装配单元

产品结构应能方便地分解成独立的装配单元，即产品可由若干个独立的部件总装而成，部件可由若干个独立组件组装而成。这样的产品，装配时可组织平行作业，扩大装配的工作面积，大批大量生产时可按流水作业原则组织装配生产，因而能缩短生产周期、提高生产效率。由于平行作业，各部件能预先装好、调试好，以较完善的状态送去总装，保证装配质量。另外，还有利于企业间的协作，组织专业化生产。

衡量产品能否分解成独立的装配单元，可用产品结构装配性系数 K_a 表示，其计算公式为

$$K_a = \frac{\text{产品各独立中零件数之和}}{\text{产品零件总数}}$$

（公式 8-1）

（三）各装配单元要有正确的装配基准

装配过程是先将待装配的零件、组件和部件放到正确的位置，然后再进行连接和紧固。这个过程类似于加工时的定位和夹紧，所以在装配时，零件、组件和部件必须有正确的装配基准，以保证它们之间的正确位置，并减少装配时的找正时间。装配基准的选择也要符合夹具中工件定位的"六点定位原理"。

（四）要便于装拆和调整

机器的结构必须装拆方便、调整容易。装配过程中，当发现问题或进行调整时，需要进行中间拆装。因此，若结构便于装拆和调整，就能节省装配时间，提高生产效率。具有正确的装配基准也是便于装配的条件之一。

当车床中修时，床身导轨因磨损而重新磨削后，床鞍和溜板箱的垂直位置也将下移，丝杠就装不上了。为此，将在床鞍和溜板箱之间增设的垫片减薄，就能保证丝杠孔的中心位置。此外，溜板箱中一齿轮与床身上齿条相啮合，以便移动床鞍做进给运动，其啮合间隙则用偏心轴调整。

（五）减少装配时的修配和机械加工工作

多数机器在装配过程中，难免要对某些零部件进行修配，这些工作多数由手工操作，不易组织流水装配、劳动强度大、对工人技术水平要求高，还使产品没有互换性。若在装

配时进行机械加工，有时会因切屑掉入机器中而影响质量，所以应避免或减少修配工作和机械加工。

（六）满足装配尺寸链"环数最少原则"

结构设计中要求结构紧凑、简单，从装配尺寸链分析即减少组成环环数，对装配精度要求高的尺寸链更应如此。为此，必须尽量减少相关零件的相关尺寸，并合理标注零件上的设计尺寸。

（七）各种连接结构形式应便于装配工作的机械化和自动化

机器能用最少的工具快速装拆，质量大于 20 kg 装配单元应具有吊装的结构要素，还要避免采用复杂的工艺装备。满足这些要求后，既能减轻工人劳动强度、提高劳动生产率，又能节省装配成本。

二、机器装配的常规技术要求

1. 机器的组装、部装以及总装一定要按装配工艺顺序进行，不能发生工艺干涉。如轴中间的齿轮还没装，便先装配了轴端的轴承等。

2. 零件和组件必须正确安装在规定位置，不允许装入图样中未规定的其他任何零件。

3. 各固定连接牢固、可靠。

4. 各轴线之间相互位置精度（如平行度、同轴度、垂直度等）必须严格保证。

5. 回转件运转灵活；滚动轴承间隙合适，润滑良好，不漏油。

6. 啮合零件（如蜗杆副、锥齿轮副）正确啮合，符合规定的技术要求。

7. 任何相互配合的表面尽量不要在装配时修整，要求配作零件（如键和键槽）的修配除外。

8. 机器装配后进行试车，试运转的转速应接近机器额定转速，严禁在试车时的润滑油内加入研磨剂和杂质，齿面接触率要达到规定的等级要求。

第二节　装配的组织形式

装配的组织形式主要取决于机器的结构特点（如质量、尺寸和结构复杂性等）、生产类型和坝有生产条件（如工作场地、设备及工人技术水平）。按照机器产品在装配过程中移动与否,装配组织形式可分为固定式装配和移动式装配两种。

一、固定式装配

固定式装配是指产品或部件的全部装配工作都安排在某一固定的装配工作地点进行的装配。在装配过程中产品的位置不变,需要装配的所有零部件都汇集在工作地点附近。

固定式装配适用于单件小批、中批生产,特别是质量重、尺寸大、不便移动的重型产品或因刚性差、移动会影响装配精度的产品。

根据装配地点的集中程度与装配工人流动与否,又可将固定式装配分为以下三种:

(一)集中固定式装配

产品的全部装配工作由一组工人在一个工作地点集中完成。

特点:占用的场地、工人数量少;对工人技术要求全面;产品效率低,多用于单件小批装配较简单的产品。

(二)分散固定式装配

产品的全部装配过程分解为部装和总装,分别在不同的工作地点由不同组别的工人进行,故又称多组固定式装配。

特点:占用场地、工人数量较多;对工人技术要求低;装配周期较短,适用于装配成批、较复杂的产品,如机床的装配。

(三)固定式流水装配

将固定式装配分成若干个独立的装配工序,分别由几组工人负责,各组工人按工艺顺序依次到各装配地点对固定不动的产品进行本组所担负的装配工作。

特点:工人操作专业化程度高、效率高、质量好、周期短;占用场地、工人多,管理难度大;装配周期更短,适合产品结构复杂、尺寸庞大的产品批量生产,如飞机的装配。

二、移动式装配

移动式装配(portable assembly)是指零、部件按装配顺序从一个装配地点移动到下一个装配地点,各装配地点的工人分别完成各自承担的装配工序,直至最后一个装配地点,以完成全部装配工作的装配。其特点是装配工序分散,每个装配工作地重复完成固定的装配工序内容,广泛采用专用设备及专用夹具,生产率高,但要求装配工人的技术水平不高。因此,移动式装配常组成流水作业线或自动装配线,适用于大批大量生产,如汽车、柴油机、仪表和家用电器等产品的装配线。

移动式装配分为自由移动式装配和强制移动式装配。

（一）自由移动式装配

零、部件由人工或机械运输装置传送，各装配点完成装配的时间无严格规定，产品从一个装配地点传送到另一个装配地点的节拍是自由的，此装配多用于多品种产品的装配。

（二）强制移动式装配

在装配过程中，零、部件用传送带或传递链连续或间歇地从一个工作地移向下一个工作地，在各工作地进行不同的装配工序，最后完成全部装配工作，传送节拍有严格要求。其移动方式有连续式和间歇式两种。前者，工人在产品移动过程中进行操作，装配时间与传送时间重合，生产率高，但操作条件差，装配时不便检验和调整；后者，工人在产品停留时间内操作，易于保证装配质量。

第三节　常用装配技术及应用

一、可拆连接的装配技术

可拆连接有螺纹连接、键连接、花键连接和圆锥面连接。其中螺纹连接应用最广。

（一）螺纹连接的装配技术

1.螺纹连接的装配要点

装配中，广泛地应用螺栓、螺钉（或螺柱）与螺母来连接零部件，具有装拆、更换方便，易于多次装拆等优点。其装配质量主要包括：螺栓和螺母正确地旋紧，螺栓和螺钉在连接中不应有歪斜和弯曲的情况，锁紧装置可靠，被连接件应均匀受压，互相紧密贴合，连接牢固。螺纹连接应做到用手能自由旋入，拧得过紧将会降低螺母的使用寿命和在螺栓中产生过大的应力，拧得过松则受力后螺纹会断裂。为了使螺纹连接在长期工作条件下能保证结合零件稳固，必须给予一定的拧紧力矩。

按螺纹连接的重要性，分别采用以下几种方法来保证螺纹连接的拧紧程度。

（1）测量螺栓伸长法

用百分表或其他测量工具来测定螺栓的伸长量，从而测算出夹紧力，其计算公式为

$$F_0 = \frac{\lambda}{l} ES$$

（公式 8-2）

式中　F_0——夹紧力，N；

λ——伸长量，mm；

l——螺栓在两支持面间的长度，mm；

S——螺栓的截面积，mm^2；

E——螺栓材料的弹性模量，MPa。

螺栓中的拉应力$\sigma = \frac{\lambda}{l} E$，不得超过螺栓的许用拉应力。

（2）扭矩扳手法

为使每个螺钉或螺母的拧紧程度较为均匀一致，可使用扭矩扳手和预置式扳手，可事先设定（预置）扭矩值，拧紧扭矩调节精度可达 5%。

（3）使用具有一定长度的普通扳手

根据普通装配工能施加的最大扭矩（一般为 400～600N.m）和正常扭矩（200～300N.m）来选择扳手的适宜长度，从而保证一定的拧紧扭矩。

（4）安装螺母的基本要求

①螺母应能用手轻松地旋到待连接零件的表面上。

②螺母的端面必须垂直于螺纹轴线。

③螺纹的表面必须正确而光滑。

④当装配成组螺钉、螺母时，为使紧固件的配合面上受力均匀，应按"先中间、后两边"的顺序逐次（一般为 2～3 次）拧紧螺母，而且每个螺钉或螺母不能一次就完全拧紧。如有定位销，最好先从定位销附近开始。

⑤零件与螺母的贴合面应平整光洁，否则螺纹容易松动。为提高贴合面质量，可加垫圈。在交变载荷和振动条件下工作的螺纹连接有逐渐自动松开的可能，为防止其松动，可采用弹簧垫圈、止推垫圈、开口销和止动螺钉等防松装置。

a. 弹簧垫圈

用于防松，但防松性能不高。使用弹簧垫圈时，为防止弹簧垫圈划伤工件表面，就需要在弹簧垫圈下增加平垫圈。

b. 钢制平垫圈

用于增加支承面积，提高螺栓与工件之间的摩擦力矩。多用于被接合工件表面不够光洁的场合，还可以用来遮盖较大的孔眼，以及防止损伤零件表面，如钢制螺栓与铝质材料接合。

c. 铜制平垫圈

用于高压防漏。

d. 止动垫圈

用于防松。

（5）螺纹连接的技术要求

螺纹连接可分为一般紧固螺纹连接和规定预紧力的螺纹连接。前者无预紧力要求，连接时可采用普通扳手、风动或电动扳手拧紧螺母；后者有预紧力要求，连接时可采用扭矩扳手等方法拧紧螺母。

①紧固时严禁打击或使用不合适的旋具与扳手。紧固后螺钉槽、螺栓头部不得有损伤。

②保证一定的拧紧力矩。为达到螺纹连接可靠和紧固的目的，其装配时应有一定的拧紧力矩，使螺纹牙间产生足够的预紧力。有拧紧力矩要求的紧固件应采用力矩扳手紧固。

③用双螺母时，应先装薄螺母后装厚螺母。

④保证螺纹连接的配合精度。

⑤螺钉、螺栓和螺母拧紧后，一般螺钉或螺栓应露出螺母 $1 \sim 2$ 个螺距。沉头螺钉拧紧后钉头不得高出沉孔端面。

⑥有可靠的防松装置。螺纹连接一般都具有自锁性，在受静载荷和工作温度变化不大时，不会自行松脱，但在冲击、振动或交变载荷作用下以及工作温度变化很大时，会使螺纹牙之间的正压力突然减小，使螺纹连接松动。为避免之，螺纹连接应有可靠的防松装置。

2. 弹性挡圈的装配技术

弹性挡圈用于防止轴或其上零件的轴向移动，分为轴用弹性挡圈、孔用弹性挡圈。

在装配过程中，将弹性挡圈装至轴上时，挡圈将张开；而将其装入孔中时，挡圈将被挤压，从而使弹性挡圈承受较大的弯曲应力。所以，在装配和拆卸弹性挡圈时须注意以下几点：

（1）在装配和拆卸弹性挡圈时，应使其工作应力不超过其许用应力（即弹性挡圈的张开量或挤压量不得超出其许可变形量），否则会导致挡圈的塑性变形，影响其工作的可靠性。

（2）为了简化弹性挡圈的装拆，可以采用一些专用工具，如弹性挡圈钳或具有锥度的心轴和导套等。

弹性挡圈钳又称卡簧钳，规格按长度分 125、175 和 225mm 三种。轴用和孔用弹性挡圈钳均有直头和弯头两种。选用时应注意选择与弹性挡圈相适合规格的弹性挡圈钳。安装时最好在弹性挡圈钳上装有可调的止动螺钉，以防止弹性挡圈在装配时产生过度变形。

（3）在装配沟槽处于轴端或孔端的弹性挡圈时，应将弹性挡圈的两端先放入沟槽内，然后将弹性挡圈的其余部分沿着轴或孔的表面推进沟槽，使挡圈的径向扭曲变形最小。

（4）在安装前应检查沟槽的尺寸是否符合要求，同时应确认所用的弹性挡圈与沟槽具有相同的规格尺寸。

（二）键、花键和圆锥面的连接装配

键连接是可拆连接的一种。它又分为平键、楔形键和半圆键连接三种。采用这些连接装配时，应注意以下几点：

1. 键连接尺寸按基轴制制造，花键连接尺寸按基孔制制造，以便适合各种配合的零件。

2. 大尺寸的键和轮毂上键槽通常采用修配装配法，修配精度可用塞尺检验。大批大量生产中键和键槽不宜修配装配。

3. 在楔形键配合时，把套与轴的配合间隙减小至最低限度，以消除装配后的偏心度。

4. 花键连接能保证配合零件获得较高的同轴度。其装配形式有滑动、紧滑动和固定三种。固定配合最好用加热压入法，不宜用锤击法，加热温度在 80～120℃。套件压合后应检验跳动误差，重要的花键连接还要用涂色法检验。

5. 圆锥面连接的主要优点是装配时可轻易地把轴装到锥套内，并且定心精度较好。装配时，应注意锥套和轴的接触面积以及轴压入锥套内所用的压力大小。

二、不可拆连接的装配技术

不可拆连接的特点是：连接零件不能相对运动；当拆开连接时，将损伤或破坏连接零件。属于不可拆连接的有过盈连接、焊接连接、铆钉连接、黏合连接和滚口及卷边连接。

其中，过盈连接通过包容件（孔）和被包容件（轴）配合后的过盈量达到紧固连接。过盈连接之所以能传递载荷，原因在于零件具有弹性和连接具有装配过盈。装配后包容件和被包容件的径向变形使配合面间产生很大的压力，工作时载荷就靠着相伴而生的摩擦力来传递。

（一）过盈连接的装配技术

为保证过盈连接的正确和可靠，相配零件在装配前应清洗干净，并具有较低的表面粗糙度值和较高的形状精度；位置要正确，不应歪斜；实际过盈量要符合要求，必要时测出实际过盈量，分组选配；合理选择装配方法。

常用的装配方法主要有压入配合法、热胀配合法、冷缩配合法、液压套合法等。

1. 压入配合法

可用手锤加垫块敲击压入或用压力机压入，适用于配合精度要求较低或配合长度较短的场合，多用于单件小批生产。其装配工艺要点如下：

（1）压入过程应平稳并保持连续，速度不宜太快，一般压入速度为 2～4mm/min，并能按结构要求准确控制压入行程。

（2）压装的轴或套引入端应有适当导锥（通常约为10°）。压入时，特别是开始压入阶段必须保持轴与孔中心一致，不允许有倾斜现象。

（3）将实心轴压入盲孔时，应在适当部位有排气孔或槽。

（4）压装零件的配合表面除有特殊要求外，在压装时应涂以清洁的润滑油，以免装配时擦伤零件表面。

（5）对细长的薄壁件（如管件），应特别注意检查其过盈量及形位误差，压配时应有可靠的导向装置，尽量采用垂直压入，以防变形。

（6）压入配合后，被包容的内孔有一定的收缩，应予以注意。对孔内径尺寸有严格要求时，应预先留出收缩量或重新加工内孔。

（7）经加热或冷却的配合件在装配前要擦拭干净。

（8）常温下的压入配合，可根据计算出的压力增大20%～30%选用压力机。

2. 热胀配合法

利用物体热胀冷缩的原理，将孔加热使孔径增大，然后将轴自由装入孔中。其常用的加热方法是把孔放入热水（80～100℃）或热油（90～320℃）中。

热装零件时加热要均匀。加热温度一般不宜超过320℃，淬火件不超过250℃。

热胀法一般适用于大型零件，且过盈量较大的场合。

3. 冷缩配合法

利用物体热胀冷缩的原理，将轴进行冷却（用固体二氧化碳冷却的酒精槽），待轴缩小后再把轴自由装入孔中。常用的冷却方法是采用干冰、低温箱和液氮进行冷却。

冷缩法与热胀法相比，收缩变形量较小，因而多用于过渡配合，有时也用于过盈量较小的配合。

4.液压套合法

液压套合法（油压过盈连接）也是一种好的装配方法。它与压入法、温差法相比有着明显的优点。由于配合的零件间压入高压油，包容件产生弹性变形，内孔扩大，配合面间有一薄层润滑油，再用液压装置或机械推动装置给以轴向推力，当配合件沿轴向移动达到位置后，卸去高压油（先卸径向油压，0.5～1h后，再卸轴向油压），包容件内孔收缩，在配合面间产生过盈，配合面不易擦伤。

近年来，随着液压套合法的应用，其可拆性日益增加，适用于大型或经常拆卸的场合。但此方法也存在缺点：制造精度高，装配时，连接件的结构和尺寸必须正确，承压面不得有沟纹，端面间过渡处须有圆角；安装、拆卸时需要专用工具等。除因锥度而产生的轴向分力外，拆卸时仍需注意另加轴向力，防止零件脱落时伤人。

（二）过盈连接装配法的选择

1. 当配合面为圆柱面时，可采用压入法或温差法（加热包容件或冷却被包容件）装配。当其他条件相同时，用温差法能获得较高的摩擦力或力矩，因为它不像压入法会擦伤配合表面。方法的选择由设备条件、过盈量大小、零件结构和尺寸等决定。

2. 对于零件不经常拆卸、同轴度要求不高的装配，可直接采用手锤打入。

3. 相配零件压合后，包容件的外径将会增大，被包容件如果是套件，则其内径将缩小。压合时除使用各种压力机外，尚须使用一些专用夹具，以保证压合零件得到正确的装夹位置并避免变形。

4. 一般包容件可以在煤气炉或电炉中用空气或液体做介质进行加热。如零件加热温度需要保持在一个狭窄范围内，且加热特别均匀，最好用液体做介质。液体可以是水或纯矿物油，在高温加热时可使用菌麻油。大型零件，如齿轮的轮缘和其他环形零件可用移动式螺旋电加热器以感应电流加热。

5. 加热大型包容件的劳动量很大，最好用相反的方法，即通过冷却较小的被包容件来获得两个零件的温度差。冷却零件时用固体二氧化碳，零件可冷却到 -78℃，液态空气和液态氮气可以把零件冷却到更低的温度（-180～-190℃）。

使用冷却方法必须采用劳动保护措施，以防止介质伤人。

总之，过盈连接有对中性好、承载能力强，并能承受一定冲击力等优点，但对配合面的精度要求高，加工和装拆都比较困难。

三、典型部件的装配要点

（一）滑动轴承的装配要点

滑动轴承分为整体式和剖分式。

1.整体式滑动轴承

又称轴套，其结构分为三种形式。整体式滑动轴承的装配要点如下：

（1）将符合要求的轴套和轴承座孔去除毛刺、擦洗干净，并在轴套外径和轴承座孔内涂润滑油。

（2）压入轴套。压入时可根据轴套的尺寸和过盈大小，选择合适的装配方法。当尺寸和过盈量较小时，可用手锤加垫板将轴套敲入；当尺寸和过盈量较大时，则应用压力机压入或用拉紧夹具把轴套压入机体中。压入时，如果套上有油孔，应与机体上的油孔对准，因此为了轴套定位和防止轴套歪斜，压入时，可用导向环或导向心轴导向。

利用压配轴套的专用夹具，可以获得良好的效果。

（3）轴套定位。压入轴套后，对于负荷较大的滑动轴承的轴套，应按要求用紧定螺钉或定位销等固定轴套位置，以防轴套随轴转动。

（4）轴套的修整。轴套由于壁薄，在压装后，内孔易发生变形。如内孔缩小或成椭圆形，可用铰削、刮削、研磨或钢球挤压等方法，对轴套孔进行修整。

（5）轴套的检验。轴套修整后，沿孔长方向取两三处，做相互垂直方向上的检验，可以测定轴套孔的圆度误差及尺寸。测量方法是用内径百分表在每一处测内径（最大减最小即为这一处的圆度误差）。同时要检验轴套孔中心线对轴套端面的垂直度，方法是用与轴套孔尺寸相对应的检验塞规插入轴套孔内，借助涂色法或用塞尺来检查其准确性。

2.剖分式滑动轴承

剖分式滑动轴承分为厚壁轴瓦和薄壁轴瓦两种。厚壁轴瓦由低碳钢、铸铁和青铜制成，并在滑动表面上浇铸巴氏合金和其他耐磨合金。这种轴瓦壁厚为 3～5mm，巴氏合金的厚度为 0.7～3.0mm。薄壁轴瓦由低碳钢制造，在其滑动表面上浇铸一层巴氏合金或铜铅合金。轴瓦壁厚为 1.5～3mm。薄壁轴瓦具有互换性。

剖分式滑动轴承的优点是可以利用垫片调整轴瓦与轴的间隙，拆装轴时比较方便。剖分式滑动轴承的装配要点如下：

（1）轴瓦与轴承座、轴承盖的装配

上、下轴瓦与轴承座、盖装配时，应使轴瓦背与座孔接触良好，用涂色法检查，着色要均匀。如不符合要求，对厚壁轴瓦以座孔为基准，刮削轴瓦背部。同时应注意轴瓦的台肩紧靠座孔的两端面，达到H7/f7配合，如太紧也须进行修刮。对于薄壁轴瓦则不便修刮，须进行选配。压入轴承座后为达到配合的紧密，保证有合适的过盈量，薄壁轴瓦的剖分面应比轴承座的剖分面略高一些，其值为 $h=\dfrac{\pi\delta}{4}$ mm（式中 δ 为轴瓦与机体孔的配合过盈量）。一般取 h=0.05 ～ 0.10mm，它可用工具来检验。轴瓦装入时，剖分面上应垫上木板，用手锤轻轻敲入，避免将剖分面敲毛，同时应听声音判断，要确定贴实。

（2）轴瓦的定位

轴瓦安装在机体中，在圆周方向和轴向都不允许有位移，通常用定位销和轴瓦上的凸肩来止动。

轴承盖在壳体上有三种固定方法：①用销钉；②用槽；③用榫台。

（3）轴瓦孔的配刮

装配非互换性轴瓦时，用与轴瓦配合的轴来刮研。一般先刮研下轴瓦，再刮研上轴瓦。为提高修刮效率，在刮下轴瓦时可不装轴瓦盖，当下轴瓦的接触点基本符合要求时，再将上轴瓦盖压紧，并拧上螺母。在修刮上轴瓦的同时进一步修正下轴瓦的接触点。配刮轴的松紧，可随着刮削的次数，调整垫片的尺寸。当螺母均匀紧固后，配刮轴能够轻松地转动且无明显间隙，接触点也达到要求，即为刮削合格。清洗轴瓦后，即可重新装入。

装配具有互换性的轴瓦时，装配前轴瓦必须严格按公差加工。

3. 多支承轴承的装配

对于多支承的轴承，为了保证转轴的正常工作，各轴承孔必须在同一轴线上，否则将使轴与各轴承的间隙不均匀，在局部产生摩擦而降低轴承的承载能力。

（二）滚动轴承的装配

滚动轴承在各种机械中使用非常广泛，在装配过程中应根据轴承的类型和配合确定装配方法和装配顺序。

1. 装配前的准备工作

（1）按所装的轴承，准备好所需的工具和量具。

（2）按图样要求检查与轴承相配的零件，如轴、轴承座、端盖等表面是否有凹陷、毛刺、锈蚀和固体的微粒。

（3）用汽油或煤油清洗与轴承配合的零件，并用干净的布条仔细擦净，然后涂上一层薄油。

（4）检查轴承型号、数量与图样要求是否一致。

（5）清洗。

2. 向心球轴承

属于不可分离型轴承，采用压力法装入机件，不允许通过滚动体传递压力。若轴承内圈与轴颈配合较紧，外圈与壳体孔配合较松，则先将轴承压入轴颈；然后，连同轴一起装入壳体中。若壳外圈与壳体配合较紧，则先将轴承压入壳体孔中。轴装入壳体中，两端要装两个向心球轴承时，一个轴承装好后，装第二个轴承时，由于轴已装入壳体内部，可以采用轴承内圈热胀法、外圈冷缩法或壳体加热法以及轴颈冷缩法装配，其加热温度一般在 $60 \sim 100\,^{\circ}\text{C}$ 范围内，其冷却温度不得低于 $-80\,^{\circ}\text{C}$。

3. 圆锥滚子轴承和推力轴承

其内外圈是分开安装的。圆锥滚子轴承的径向间隙 e 与轴向间隙 c 有一定的关系，即 $e=c\tan\beta$，其中 β 为轴承外圈滚道母线对轴线的夹角，一般为 $11 \sim 16^{\circ}$。因此，调整轴向间隙即调整了径向间隙。推力轴承不存在径向间隙的问题，只需要调整轴向间隙。这两种轴承的轴向间隙通常采用垫片或防松螺母来调整。

4. 滚动轴承装配时的注意事项

（1）安装前应将轴承、轴、孔及油孔等用煤油或汽油清洗干净。

（2）滚动轴承上标有代号的端面应装在可见的部位，以便于修理、更换。

（3）把轴承套在轴上时，压装轴承的压力应施加在内圈上；把轴承压在座孔中时，压力应施加在外圈上。轴承装配在轴上和座孔中后，不能有歪斜和卡住现象。

（4）当把轴承同时压装在轴和壳体上时，压力应同时施加在内、外圈上。

（5）在压配或用软锤敲打时，应使压配力或打击力均匀地分布于座圈的整个端面。

（6）不应使用能把压力施加于夹持架或钢球上去的压装夹具，同时也不应使用手锤直接敲打轴承端面。

（7）如果轴承内圈与轴配合过盈较大，最好采用热胀法安装。即把轴承放在温度为 $90\,^{\circ}\text{C}$ 左右的机油、混合油或水中加热。当轴承的钢球保持架是塑料材质时，只宜用水加热。加热时轴承不能与器皿底部接触，以防止轴承过热。

（8）为了保证滚动轴承工作时有一定热胀余地，在同轴的两个轴承中，必须有一个轴承的外圈（或内圈）可以在热胀时产生轴向移动，以免轴或轴承产生附加应力，甚至在工作时使轴承咬住。

（9）在装拆滚动轴承的过程中，应严格保持清洁，防止杂物进入轴承和座孔内。高精度轴承的装配必须在防尘的房间内进行。

（10）最好使用各种压装轴承用的专用工具，以免装配时碰伤轴承。

装配后，轴承运转应灵活、无噪声，工作时温度不超过 50℃。

（三）圆柱齿轮传动的装配

齿轮传动的装配工作包括：将齿轮装在传动轴上，将传动轴装进齿轮箱体，保证齿轮副正常啮合。装配后的基本要求：保证正确的传动比，达到规定的运动精度；齿轮齿面达到规定的接触精度；齿轮副齿轮之间的啮合侧隙应符合规定要求。

1. 将齿轮安装在传动轴上

安装方法有很多，当齿轮与轴是间隙配合时，只须用手或一般的起重工具进行装配。当两者之间的配合是过渡配合时，就须在压力机上或用专用工具把齿轮压装在轴颈上。齿圈和齿轮轮毂的配合往往是带有过盈的过渡配合，一般是采用加热齿圈的方法进行装配。

2. 齿轮安装在轴上后

须检验齿轮的径向跳动和端面跳动。渐开线圆柱齿轮传动多用于传动精度要求高的场合。如果装配后出现不允许的齿圈径向跳动，就会产生较大的运动误差。因此，首先要将齿轮正确地安装到轴颈上，不允许出现偏心和歪斜。

对于运动精度要求较高的齿轮传动，在装配一对传动比为 1 或整数的齿轮时，可采用圆周定向装配，使误差得到一定程度的补偿，以提高传动精度。

3. 检验壳体内主动轴和从动轴的位置

检验内容包括：①齿轮、轴中心距的检验；②齿轮轴轴线平行度和倾斜度的检验。

4. 把齿轮—轴部件安装到壳体轴孔中

装配方式根据轴在孔中的结构特点而定。

5. 检验齿轮传动装置的啮合质量

（1）齿轮齿侧面的接触斑痕的位置及其所占面积的百分比，利用涂色法检验。齿轮传动的接触精度是以齿面接触斑痕的位置和大小来判断的，它与运动精度有一定的关系，即运动精度低的齿轮传动，其接触精度也不高。因此，在装配齿轮副时，常需检验齿面的接触斑痕，以考核其装配是否正确。检验时，传动主动轮应轻微制动，对双向工作的齿轮传动，正反转都要检验。

齿轮轮齿上接触斑痕的分布面积，在齿轮的高度方向，接触斑痕应不少于30% ～ 50%，在轮齿的宽度方向不少于40% ～ 70%。通过涂色法检验，还可以判断产生误差的原因。

（2）齿轮副的啮合齿侧间隙。装配圆柱齿轮时，齿轮副的啮合侧隙是由各种有关零件的加工误差决定的，一般装配无法调整。侧隙大小的检查方法有下列两种：一是用铅丝检查，在齿面沿齿宽两端平行放置两条铅丝，宽齿放置3 ～ 4根，铅丝的直径不宜超过最小侧隙的3倍，转动齿轮挤压铅丝，测量铅丝最薄处的厚度，即为侧隙的尺寸；二是用百分表检查，将百分表测头同一齿轮面沿齿圈切向接触，另一齿轮固定不动，手动摇摆可动齿轮，从一侧啮合转到另一侧啮合，百分表上的读数差值即为侧隙的尺寸。

（四）锥齿轮传动的装配技术

锥齿轮传动装置的装配程序和圆柱齿轮的装配相类似，但必须注意以下特点：

1. 锥齿轮传动装置中

两个啮合的锥齿轮的锥顶必须重合于一点。为此，必须用专门装置来检验锥齿轮传动装置轴线相交的正确性。

2. 锥齿轮轴线之间角度的准确性

是用经校准的塞杆及专门的样板来校验的。将样板放入外壳安装锥齿轮轴的孔中，将塞杆放入另一个孔中，如果两孔的轴线不成直角，则样板中的一个短脚与塞杆之间存在间隙，这个间隙可用塞尺测得。

（五）普通圆柱蜗杆蜗轮传动的装配技术

1. 蜗杆传动的装配顺序

蜗杆传动的装配顺序应根据具体结构而定。一般是先装蜗轮，但也有先装蜗杆、后装蜗轮的。一般情况下，装配应按下列顺序进行：

（1）首先从蜗轮着手，应先将齿圈压装在轮毂上，压装方法与过盈装配相同，并用螺钉加以紧固。

（2）将蜗轮装在轴上，其装配与检验方法与装配圆柱齿轮相同。

（3）把蜗轮轴组件装入箱体，然后再装入蜗杆，因蜗杆轴的位置已由箱体孔决定，要使蜗杆轴线位于蜗轮轮齿的对称中心曲内，只能通过改变调整垫片厚度的方法，调整蜗轮的轴向位置。

（4）把蜗轮—轴组件先装到壳体内，然后把蜗杆装到轴承内。

（5）检验装配完毕的蜗杆传动装置的灵活度和啮合的"空行程"。检验传动灵活性就是检验蜗轮处在任何位置时，旋转蜗杆所需的转矩。空行程的检验是在蜗轮不动时蜗杆所能转动的最大角度。

2. 普通圆柱蜗杆蜗轮副装配

对于这种传动的装配，不但要保证规定的接触精度，而且还要保证较小的啮合侧隙（一般为 $0.03 \sim 0.06\,\mathrm{mm}$）。

装配时，先配刮圆盘与工作台结合面，研点为 $6 \sim 20/25 \times 25\,\mathrm{mm}^2$；再刮研工作台回转中心线的垂直度符合要求。然后以 B 面为基准，连同圆盘一起，对蜗轮进行精加工。

蜗杆座基准面。可用专用研具刮研，研点应为 $8 \sim 10/25 \times 25\,\mathrm{mm}^2$。检验轴承中心线对面的平行度，符合要求后装入蜗杆，配磨调整垫片（补偿环），以保证蜗杆轴线位于蜗轮的中央截面内。与此同时，径向调整蜗杆座，达到规定的接触斑点后，配钻铰蜗杆座与底座的定位销孔，装上定位销，拧紧螺钉。

侧隙大小的检查，通常将百分表测头沿蜗轮齿圈切向接触于蜗轮齿面与工作台相应的凸面，固定蜗杆（有自锁能力的蜗杆不用固定），摇摆工作台（或蜗轮），百分表的读数差即为侧隙的大小。

蜗轮齿面上的接触斑点应在中部稍偏蜗杆旋出方向。应配磨垫片，调整蜗杆位置，使其达到正常接触。蜗杆与蜗轮达到正常接触时，轻负荷时接触斑点长度一般为齿宽的 $25\% \sim 50\%$，全负荷时接触斑点长度最好能达到齿宽的 90% 以上。不符合要求时，可适当调节蜗杆座径向位置。

第四节　机械装配工艺要点

一、产品装配要求分析

（一）产品结构特点

蜗轮与锥齿轮减速器，安装在原动机与工作机之间，用来降低转速和相应地增大转矩。原动机的运动与动力通过联轴器输入减速器，经蜗杆副减速增矩后，再经锥齿轮副，最后由安装在锥齿轮轴上的圆柱齿轮输出。

这类减速器具有结构紧凑、外廓尺寸较小、降速比大、工作平稳和噪声小等特点，应用较广泛。其中，蜗杆副的作用是减速，且降速比很大；锥齿轮副的作用主要是改变输出轴方向。蜗杆采用浸油润滑，齿轮副和各轴承的润滑、冷却条件良好。

（二）减速器装配要求符合机器装配的常规技术要求

1. 在轮齿侧隙、接触斑点应符合设计要求。

2. 在轴承内圈必须紧贴轴肩或定距环，用 0.05mm 毫米塞尺检查不得通过。

3. 圆锥滚子轴承允许的轴向间隙应符合规定。

4. 底座、箱盖及其他零件未加工的内表面和齿轮（涡轮）未加工表面应涂底漆并涂以红色耐油漆，底座、箱盖及其他零件未加工的外表面涂底漆并涂以浅灰色油漆（或者按照主机要求配漆）。

二、减速器的装配工艺过程

（一）装配前的准备工作

装配质量的好坏对机器的性能和使用寿命影响很大。装配不良的机器，其性能将会降低，消耗的功率增加，使用寿命减短。因此，装配前必须认真做好以下准备工作：

1. 研究和熟悉产品装配图的技术要求及验收标准，了解产品的性能、结构以及各零件的作用和相互连接关系。

2. 确定装配方法、装配顺序和所需的装配设备和工艺装备。

3. 领取、备齐零件，并进行清洗、涂防护润滑油。

（二）减速器的预装配（零件的试装）

零件的试装又称试配，即将相配合零件先进行试装配，这是为保证产品总装质量而进行的各连接部位的局部试验性装配。

在单件小批生产中，须对某些零件进行预装，并配合刮削、锉削等工作，以保证配合要求，待达到配合要求后再拆下。如有配合要求的轴与齿轮、键等，通常需要预装或修配键，间隙调整处需要配调整垫片，确定其厚度。在大批大量生产中一般通过控制加工零件的尺寸精度或采用恰当的装配方法来达到装配要求，尽量不采用预装配，以提高装配效率。

为了保证装配精度，某些相配的零件须进行试装；对未满足装配要求的，须进行调整或更换零件。例如，某减速器中有三处平键连接，均须进行平键连接试配。零件试配合适后，一般仍要卸下，并做好配套标记，待部件总装时再重新安装。

（三）减速器组件装配

由减速器部件装配图可以看出，减速器的主要组件有锥齿轮轴—轴承套组件、蜗轮轴组件和蜗杆轴组件等。其中只有锥齿轮轴—轴承套组件可以独立装配后再整体装入箱体，其余两个组件均必须在部件总装时与箱体一起装配。

1. 装配蜗杆轴组件

先装配两分组件：蜗杆轴与两轴承内圈分组件和轴承盖与毛毡分组件。然后将蜗杆轴分组件装入箱体，从箱体两端装入两轴承的外圈，再装上轴承盖分组件，并用螺钉拧紧。轻轻敲击蜗杆轴左端，使右端轴承消除间隙并贴紧轴承盖，然后在左端试装调整垫圈和轴承盖，并测量间隙，据以确定调整垫圈的厚度。最后，将合适的调整垫圈和轴承盖装好，并用螺钉拧紧。装配后用百分表在蜗杆轴右侧外端检查轴向间隙，间隙值应为 $0.01 \sim 0.02$ mm。

2. 试装蜗轮轴组件和锥齿轮轴—轴承套组件

试装的目的是确定蜗轮轴的位置，使蜗轮的中间平面与蜗杆的轴线重合，以保证蜗杆副正确啮合；确定锥齿轮的轴向安装位置，以保证锥齿轮副的正确啮合。

装配蜗轮轴组件并装入锥齿轮轴—轴承套组件。从大轴承孔方向将装有轴承内圈和平键的蜗轮轴放入箱体，并依次将键、蜗轮、调整垫圈、锥齿轮、止动垫圈和螺母装在轴上，然后从箱体轴承孔的两端分别装入滚动轴承、调整垫圈和轴承盖，调整好轴承间隙，两端均用螺钉紧固。装配后，用手转动蜗杆带动蜗轮旋转时，应灵活无阻滞现象。最后将锥齿轮轴、轴承套组件和调整垫圈一起装入箱体，用螺钉紧固。复检锥齿轮啮合侧隙，并做进一步调整直至运转灵活。

装配工作要求：

（1）装配时，应检查零件与装配有关的形状和尺寸精度是否合格，检查有无变形、损坏等，并应注意零件上各种标记，防止错装。

（2）固定连接的零部件不允许有间隙，活动的零件应能在正常的间隙下，灵活均匀地按规定方向运动，不应有跳动。

（3）各运动部件（或零件）的接触表面必须保证有足够的润滑，若有油路，必须畅通。各种管道和密封部位装配后不得有渗漏现象。

（4）试车前，应检查各部件连接的可靠性和运动的灵活性，各操纵手柄是否灵活和手柄位置是否在合适的位置；试车时，从低速到高速逐步进行。

（四）减速器总装配和调试

1.减速器总装顺序

蜗杆轴系和蜗轮轴系尺寸比较大，只能在箱体内组装。

（1）蜗杆的装配。

（2）蜗轮的装配。

（3）锥齿轮组件的装配。

（4）减速器总装。

（5）安装联轴器及凸轮，用动力轴连接空运转，检验齿轮接触斑痕，并调整直至运转灵活。

（6）清理内腔，注入润滑油，安装箱盖组件，放上试验台，安装V带，与电动机相连接。

2.减速器的润滑、调试

（1）润滑

箱体内装上润滑油，蜗轮部分浸在润滑油中，靠蜗轮转动时将润滑油溅到轴承和锥齿轮处加以润滑。

（2）运转试验

总装完成后，减速器部件应进行运转试验。首先，须清理箱体内腔，注入润滑油，用拨动联轴器的方法使润滑油均匀流至各润滑点；其次装上箱盖，连接电动机，并用手拨动联轴器使减速器回转。在符合装配后的各项技术要求后，接通电源进行空载试车。运转中齿轮应无明显噪声，传动性能符合要求，运转30min后检查轴承温度，应不超过规定要求。

（五）减速器装配质量的检验

减速器是典型的传动装置，装配质量的综合检查可采用涂色法。一般是将红丹粉涂在蜗杆的螺旋面和齿轮齿面上。转动蜗杆后，根据蜗轮、齿轮面的接触斑点来判断啮合情况。

参考文献

[1]李琼砚,程朋乐.机械制造技术基础[M].北京:中国财富出版社,2020.

[2]王红军,韩秋实.机械制造技术基础(第四版)[M].北京:机械工业出版社,2020.

[3]熊良山.机械制造技术基础(第4版)[M].武汉:华中科技大学出版社,2020.

[4]万宏强.机械制造技术课程设计[M].北京:机械工业出版社,2020.

[5]黄健求,韩立发.现代机械工程系列精品教材.机械制造技术基础:(第3版)[M].
北京:机械工业出版社,2020.

[6]陈敏.基于城市轨道交通机电技术特色的机械制造与自动化专业群人才培养方案
[M].成都:西南交通大学出版社,2020.10.

[7]金晓华.机械制造技术基础[M].北京:机械工业出版社,2020.10.

[8]汪洪峰.机械制造技术基础[M].合肥:安徽大学出版社,2020.03.

[9]杨翠英,曹金龙.机械制造技术[M].哈尔滨:哈尔滨工程大学出版社,2020.02.

[10]王金参,冉书明,卢达.机械制造技术[M].北京:电子工业出版社,2020.03.

[11]焦巍,陈启渊.机械制造技术[M].北京:清华大学出版社,2020.01.

[12]朱琳.机械制图[M].哈尔滨:哈尔滨工程大学出版社,2020.08.

[13]颜建强.机械制造技术基础[M].哈尔滨:哈尔滨工业大学出版社,2020.06.

[14]卢红.普通高等学校机械工程类专业双语系列教材.先进制造技术—CAD/CAM(英
文版)[M].武汉:武汉理工大学出版社,2020.12.

[15]刘冬香.机械制造与自动化专业群城市轨道交通机电技术专业新形态一体化教材
电工电子技术及应用[M].成都:西南交通大学出版社,2020.10.

[16]张杨,李助军.高等职业院校技能型人才培养优质教材机械制造与自动化专业群
城市轨道交通机电技术专业新形态一体化教材.城市轨道交通车站消防与给排水
系统运行与维护(智媒体版)[M].成都:西南交通大学出版社,2020.12.

[17]王先彪.高等职业院校技能型人才培养优质教材机械制造与自动化专业群城市轨

道交通机电技术专业新形态一体化教材.单片机应用系统设计[M].成都:西南交通大学出版社,2020.12.

[18]关慧贞.机械制造装备设计[M].北京:机械工业出版社,2020.08.

[19]刘俊义.机械制造工程训练[M].南京:东南大学出版社,2020.06.

[20]徐福林,包幸生.机械制造工艺[M].上海:复旦大学出版社,2019.01.

[21]于爱武.机械制造技术应用[M].北京:北京理工大学出版社,2019.09.

[22]黄添彪.数控技术与机械制造常用数控装备的应用研究[M].上海:上海交通大学出版社,2019.03.

[23]刘世平,李喜秋,赵铁.普通高等教育"十三五"规划教材暨智能制造领域人才培养规划教材.机械CAD/CAM技术Creo应用[M].武汉:华中科技大学出版社,2019.07.

[24]林颖.机械CAD/CAM技术与应用[M].武汉:华中科技大学出版社,2019.01.

[25]朱凤霞.机械制造工艺学[M].武汉:华中科技大学出版社,2019.01.

[26]米国际,王迎晖.机械制造基础[M].北京:国防工业出版社,2019.03.

[27]洪露,郭伟,王美刚.机械制造与自动化应用研究[M].北京:航空工业出版社,2019.01.

[28]范君艳,樊江玲.智能制造技术概论[M].武汉:华中科技大学出版社,2019.03.

[29]陈爱荣,韩祥凤,李新德.机械制造技术[M].北京:北京理工大学出版社,2019.08.

[30]徐雷,殷鸣,殷国富.数字化设计与制造技术及应用[M].成都:四川大学出版社,2019.11.

[31]冒爱琴,程洋,许宁萍.机械制造工艺及夹具设计[M].延吉:延边大学出版社,2019.06.

[32]朱双霞.机械设计[M].重庆:重庆大学出版社,2019.03.